虚拟现实：

商业化应用及影响

杨浩然◇编著

清华大学出版社
北 京

内 容 简 介

虚拟现实技术近年来得到全球顶级科技公司的重视，风投机构和各路媒体也开始炒作“VR”概念。伴随着科技进步，许多业内人士表示“VR时代”很快就要来临，那将是一个难以想象的巨大市场。本书的目的就是帮助读者了解虚拟现实的概念和特点，并由此衍生出关于虚拟现实技术的商业化潜力和社会影响的一些讨论。

本书共五篇十三章。首先从对人类感官的介绍入手，阐述虚拟现实与人类感官之间的关系；其次，介绍了虚拟现实的技术原理和主流软硬件解决方案；再次，介绍虚拟现实行业对人类的消费行为和人类社会的商业模式所产生的影响；最后，简要讨论了虚拟现实技术可能会对人类社会所产生的影响。

本书适合于想要了解虚拟现实但又缺少相关知识的非专业人士阅读。

图书在版编目(CIP)数据

虚拟现实：商业化应用及影响 / 杨浩然编著. — 北京：清华大学出版社，2017
ISBN 978-7-302-46108-1

Ⅰ. ①虚… Ⅱ. ①杨… Ⅲ. ①虚拟现实 Ⅳ. ①TP391.98

中国版本图书馆 CIP 数据核字(2016)第 322423 号

责任编辑：刘志彬
封面设计：汉风唐韵
版式设计：方加青
责任校对：宋玉莲
责任印制：杨 艳

出版发行：清华大学出版社
网 址：http://www.tup.com.cn，http://www.wqbook.com
地 址：北京清华大学学研大厦 A 座 邮 编：100084
社 总 机：010-62770175 邮 购：010-62786544
投稿与读者服务：010-62776969，c-service@tup.tsinghua.edu.cn
质 量 反 馈：010-62772015，zhiliang@tup.tsinghua.edu.cn
印 装 者：北京亿浓世纪彩色印刷有限公司
经 销：全国新华书店
开 本：170mm×240mm 印 张：14.75 字 数：171 千字
版 次：2017 年 3 月第 1 版 印 次：2017 年 3 月第 1 次印刷
印 数：1 ～ 4000
定 价：60.00 元

产品编号：071323-01

前　言

近年来，世界顶级科技公司和资本机构都对虚拟现实技术表现出了浓厚的兴趣，Facebook 等科技公司已经将虚拟现实列为核心战略方向之一，虚拟现实行业的投资案例更是层出不穷。根据高盛集团的预测，虚拟现实行业将在不到十年内获得数千亿甚至上万亿的市场价值，届时它将成为现代消费社会的一颗明星，影响着全球人的生活，带来数以万计的工作机会。

第一代 iPhone 已经可以让人想象智能手机时代。然而，目前还没有一款大众普及型虚拟现实产品能够教育大众，让大众清晰地理解什么是虚拟现实。虚拟现实产品仍然是各专业领域的设备以及少数极客玩家手里的高端玩具。为此，本书将帮助那些非专业人士但又想了解虚拟现实的读者较为轻松地从零开始了解虚拟现实的概念和特性，并基于虚拟现实的定义、特点和现状，讨论和描述虚拟现实行业的商业化前景。最终，本书还简要讨论了革命性的虚拟现实技术可能对人类社会带来的影响。

下一波技术革命

互联网技术蓬勃发展，我们通过网络有了微信、Skype 等各种新型联络通信方式……人们也通过网络开启了各种在线会议。

但是，人和人的沟通，依然没有现场感，体验上依然没有实现以前科幻作家们想象的那样：人类在地球的任何角落，都可以无缝参与公司会议，参观任何博物馆，到任何大学听课……的设想。

除了企业应用，在游戏业、电影行业，人类也需要更加身临其境的体验。有需求就有市场，于是虚拟现实技术开始成为各大技术公司的研究方向。想想3D电影带来的经济效益，我们相信，伴随虚拟现实技术的成熟，人类不仅在高等教育、企业会议等方面的成本会下降，娱乐业会带来一波新的体验……和其他互联网技术一样，还会产生一些新的行业和新的应用。

这是互联网的下一波发展方向，这是一个改变人类社会的新一波技术发展方向，这是对每个人的学习、工作和娱乐都将发生改变的新技术，你需要了解这个新技术——虚拟现实。

本书特点

本书尽可能使用通俗的表达方式来帮助读者理解虚拟现实，采用大量的图片和案例降低用户的理解成本，尽可能少地使用专业词语。对于渴望了解乃至踏入虚拟现实行业的读者而言，这是一本友好又富含前沿信息量的科技读物。

本书对虚拟现实技术的特性和现状进行了详细的分析，同时对大众消费品的商业化规律进行了诠释，最终使用通俗化的语言为读者阐述了虚拟现实行业的商业化前景，并给出了一些商业化建议。

本书点明了虚拟现实技术作为一种媒介手段的事实，并向读者诠释媒介技术与人类思考方式之间的关系，从而引申出关于虚拟现实技术对人类社会影响的一些讨论。对于那些对人文社会科学感兴趣的读者而言，这本书深入浅出地探讨了一些经济、文化和社会话题。

内容安排

本书致力于从浅到深为读者传递富含信息量的内容，通过理论与案例相结合的方式为大众读者提供轻松生动的阅读体验，让非专业人士在读完本书之后也能对虚拟现实有足够的了解和自主的判断。全书的内容安排如下。

第一篇　感官革命：认识人类自己

本篇使用两章的篇幅向读者阐述一些基础理念，以便引出虚拟现实的核心定义。人类本质上是依赖感官来了解外在世界，感官获取的信息构成我们所感知的世界。虚拟现实技术与广播、电视等技术没有本质区别，都是通过传递声音、图像等信息使感官得到满足。如果虚拟现实技术所传递的信息足够全面和真实，用户的感官所描述出的世界也因此显得足够真实。

第二篇　技术革命：了解虚假现实

本篇在上一篇引出的虚拟现实定义的基础之上，从虚拟现实的发展历史开始说起，介绍了当前主流的虚拟现实技术方案及其原理，并基于技术特点延伸介绍了虚拟现实系统的硬件装备和软件内容，为探讨虚拟现实商业化打下基础。

第三篇　消费革命：开启商业化征途

本篇探讨了虚拟现实产品如何打入大众消费市场的问题。从索尼和特斯拉两家代表性科技公司的商业化历程，总结大众消费市场领域的规律，为同样是科技领域的虚拟现实公司指出可能的商业化方向。

第四篇　商业革命：充满想象空间的商业化前景

本篇用了三章的篇幅阐述虚拟现实行业的商业化征程随着虚

拟现实技术发展所经历的大概三个阶段。此外，本篇还延伸介绍了互联网时代的发展规律，以及人工智能等前沿性科学技术。这些对帮助读者理解虚拟现实的商业化前景和方向有很大的贡献。

第五篇　社会革命：被技术改变的大脑

本篇简要讨论了虚拟现实在商业领域之外的影响。探讨了虚拟现实技术作为一种革命性的媒介技术，可能对人类社会所造成的深远影响。为了更好地讨论这个话题，本篇介绍了媒介决定论、互联网发展历史和赛博朋克理念。

本书由杨浩然为主笔统筹编写，同时参与编写的还有黄维、金宝花、李阳、程斌、胡亚丽、焦帅伟、马新原、能永霞、王雅琼、于健、周洋、谢国瑞、朱珊珊、李亚杰、王小龙、张彦梅、李楠、黄丹华、夏军芳、武浩然、武晓兰、张宇微、毛春艳、张敏敏、吕梦琪等作者。在此一并感谢。

虚拟现实技术才刚刚起步，还在发展之中，一定会伴随技术的完善给我们人类的生活带来极大的改变，让我们一起来见证历史。

作　者

2016 年 12 月

目 录

第一篇 感官革命：认识人类自己

第二篇 技术革命：了解虚拟现实

第三篇 消费革命：开启商业化征途

第四篇 商业革命：充满想象空间的商业化前景

第五篇 社会革命：被技术改变的大脑

Virtual reality

第一篇

感官革命：认识人类自己

人类本质是一种感官动物，所有的感性与理性、科学与艺术、城市与村庄全部都建立在人类对外部世界的感知和回应之上。翻开人类的历史，在宗教、政治、科技和经济的背后埋藏着的是人类对感官的运用、学习和掌握。

想要了解虚拟现实技术，首先要了解人类如何感知现实，即从感官的角度重新认识人类自己。

在 3D 电影院中，人们的视听感官得到了极大的满足

第1章
一切认知基于感官

一位现代都市居民的典型生活：早上，在闹钟声中醒来，他在醒来后的数秒内意识到新的一天开始了，然后进行洗漱，吃早饭，走出家门；搭上开往公司的地铁，一路仔细听着地铁广播所播报的到达站台名，并在某一站下车，走到公司；到达公司后，先打开计算机，阅读邮件，然后撰写工作文档，与同事交流工作，完成一天的工作；下班后回到家中，打开电视收看新闻和娱乐节目，和家人一起交流；最终，躺在床上，订好第二天的闹钟，沉入梦乡。

在这再寻常不过的生活中，却充满不简单的认知判断，并依赖着人体的五官：早上，他通过耳朵听到闹钟声响，意识到新的一天开始了；在地铁上，时刻警觉的听觉让他在正确的站台下车；工作时，他通过眼睛阅读文档，在与同事交流的时候同时调用了视觉和听觉；下班后，电视节目通过眼睛和耳朵进入他的大脑，带来轻松休闲的享受……如图 1-1 所示。

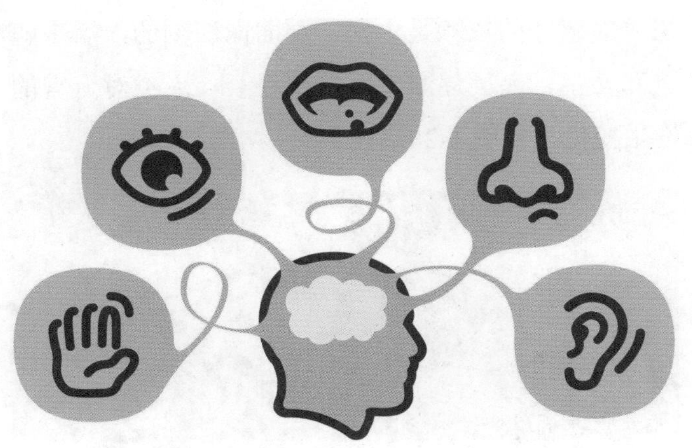

图 1-1　五大感官帮助大脑构建出人对外部世界的认知

可见，在我们的生活当中，信息无处不在，人类想要正常生活和参与社会协作，只有不停地获取这些信息，并据此作出判断。在日常生活中，感官是信息进入人类大脑的唯一媒介，它们将光、声音、气味等信息转化为特定模式的神经冲动，这些具有特定规律的神经冲动传递到大脑中，被大脑解码，转化为真实的特定感受。此时此刻，正在阅读这段文字的读者就在通过眼睛阅读文字，获取文字蕴含的信息，并转化成神经冲动传递给大脑。这一神奇伟大的过程支撑着每一个人与世界的交流，支撑着文化的孕育和社会的发展。此刻我们眺向窗外所看到的那个伟大而神奇的繁华世界，都源于人类对感官的利用。

在人类历史的不同发展阶段，社会的主流信息是不同的，这些信息对人类感官的依赖程度也不同。在遥远的原始社会，人类的祖先还生活在洞穴中，文字尚未被发明，人类的劳动生产以打猎为主，交流方式以口语为主。在打猎时，人类需要高度集中注意力，全方面调动所有感官，不放过任何一丝关于猎物的信息；在口语交流时，人类通过听觉感知对方的声音，通过视觉看到对方的肢体动作和面部表情，通过触觉感受对方的动作，等等。原始社会的人类祖先对感官的依赖是丰富、全面而深刻的，后来随着人类发明工具和文字，人类逐渐走出原始社会，人类对五官的依赖程度也在发生变化，如图 1-2 所示。

图 1-2　在原始社会，人类通过打猎获得蛋白质，需要详尽地感知环境

随着金属冶炼技术的出现和普及，人类发明了用于农田耕作的劳动工具，极大地提高了社会生产力水平，人类进入农业社会，住进了可以抵御野兽的房屋，并以农田耕作作为主要的劳动生产方式，如图 1-3 所示。在这一阶段，人类只需要面朝黄土背朝天进行耕作，既不需要像原始社会的祖先一样时刻注意猎物的踪迹，也不需要与其他人类频繁地沟通协作，人类对五官的依赖程度大幅降低。有科学家的研究结果表明，人类的进化史，也是一部五官的退化史：比起生活在洞穴的祖先，现代人类的视觉、听觉、嗅觉等感官都有着明显的退化。

发生于农业社会的一件大事是印刷技术的成熟和普及，它使

图 1-3 在农业社会，人类以耕作为主，对感官的依赖程度有所降低

文字这一信息媒介得到广泛传播。一些人开始整日与书籍为伴，大量的信息获取来自文字阅读，人类对五官的依赖比例开始偏向视觉为主。

随着工业革命的来临，以电报、广播、电视为主的电力媒介（electric media）席卷世界，人类在劳动生产之外的娱乐时间几乎彻底被电力媒介所占据。电视等电力媒介传递的信息是基于现实的还原，通过图像和声音传递生动丰富的信息，如图 1-4 所示。

图 1-4 电视机开始重新解放人类的视听感官

在这一时代，视觉和听觉的体验得到重视，并一直延续到下一个媒介时代。

在20世纪末21世纪初，计算机在世界范围内得到快速普及，整个世界被卷入通过计算机展现的多媒体时代，如图1-5所示。在这一时代，图像和声音信息被数字化，并储存于计算机中，人类通过显示器、耳机和音响接受视听兼备的生动信息。无论是杂志报纸、现场演唱会还是街头风景，都可以被记录下来，通过计算机还原。当前，由计算机所开启的多媒体时代给人类提供了精彩绝伦的视觉体验和听觉体验，这是过去任何一个时代都不能想象的。

图1-5 以计算机为代表的多媒体技术正在进一步解放人类的感觉

可见，自从人类走出洞穴之后，伴随着技术发展，社会主流媒介对人类感官的运用的广度和深度越来越大，但目前为止最丰富多彩的计算机媒介也只是主要调用视觉和听觉。随着科技继续发展，会不会有一个深度调用全部感官的新媒介在不远的未来等着人类？

第2章 计算机的进化

计算机从诞生到现在已经有超过半个世纪的发展历史。英特尔（Intel）公司创始人戈登·摩尔（Gordon Moore）于20世纪60年代提出著名的摩尔规律：当价格不变时，集成电路上可容纳的晶体管的数目，每隔18～24个月便会增加一倍，性能也将提升一倍。图2-1所示的是初级计算机示意图。换言之，每一美元所能买到的计算机性能，将每隔18～24个月翻一倍以上。这一定律揭示了计算机在过去半个多世纪以来的快速发展。

图2-1　时间过了25年，初级计算机的运算速度只有现在智能手机的1%左右

随着计算机性能的高速发展，计算机所呈现的视听信息也越来越生动逼真，以最能反映计算机在视听表现能力的电子游戏为例，2014 年全世界的游戏玩家数量已经超过 12 亿，其中中国游戏玩家数量为 5.17 亿，是美国人口总数的 1.6 倍。这个庞大的数字表明，几乎任何一个接触过计算机的普通人，都能体会到电子游戏的无穷魅力。

得益于摩尔定律，电子游戏的画面质量从粗糙的像素颗粒发展到几乎接近真实生活，电子游戏行业的魅力越来越大，到如今已经被人们公认为是继绘画、雕塑、建筑、音乐、文学、舞蹈、戏剧、电影八大艺术形式之后的第九艺术。一款高质量的精品游戏，其剧情、画面风格、配乐以及精神内涵并不亚于一些优秀的电影作品，如图 2-2 所示。

图 2-2 2015 年发布的游戏《HALO 5》已经拥有非常精细的画面

当前电子游戏的内容展现形式仍然是以屏幕和音响为主，游戏开发者一直致力于在小小的显示器屏幕上提供越来越真实的画面。然而，这条道路已经变得越来越艰难，就像大众被好莱坞电影的特效轮番轰炸视听感官后，再也难以被电影的特效画面轻易打动，电子游戏行业同样也遭遇这一尴尬情景。对于电子游戏行业来说，画面质量和音效的发展对玩家体验的提升已经遭遇边际效应递减的困境。

然而，人类在感官体验上永不满足，在商业利益的驱动下，一定会有新的媒介形式出现，提供革命性的感官体验。以电影行业为例，电影诞生以来一百多年的时光中，电影行业从业者一直致力于提供更清晰、更有艺术风格的电影画面，这种局面一直持续到20世纪末21世纪初，电影行业从业者发现在电影画面上的提升越来越难，对观众感官的刺激也越来越弱，遭遇了类似电子游戏行业眼下正在面对的困境。在电影行业，一些人选择继续留在提升电影画面质量的道路上追求极限，用更好的作品征服观众；另一些人则突破固有思维尝试从别的维度上提升观众的感官体验，其中最成功的尝试即是3D电影。

如今，越来越多的人喜欢3D电影，它比起传统2D电影能传达更直观生动的视觉体验。从感官上分析，3D电影和2D电影一样，仍然是调用观众的视觉和听觉感官，但在视觉感官的刺激深度上有了质的提升，如图2-3所示。可见，其更深度地刺激感官，

图2-3 **3D电影在过去几年间从无人问津变成人人追捧**

更全面地调用感官，输出更真实、更丰富的信息，是电影行业进化的方向。

从电影行业的进化历程中我们可以发现，所有以感官体验为核心的行业，最终的进化方向都是全方位深度调用人的所有感官。在过去，计算机为人类打开了多媒体时代，瞬间席卷全球，上演了一场感官体验的狂欢盛宴，但伴随着摩尔定律发挥魔力，这一代计算机所能提供的视听体验已经逼近极限，面临“瓶颈”，感官体验危机来势汹涌。

虽然计算机性能在过去有着日新月异的变化，但计算机在信息输出形式和输入形式上没有革命性变化：计算机通过显示器和音响输出图像和声音信息，人类通过键盘和鼠标向计算机输入信息。这一形式在计算机走入千家万户时就已经固定下来，没有随着计算机性能突飞猛进的进步而进化，这导致计算机只能在视觉和听觉两个维度轻量地输出信息，提供视听体验。

摩尔定律还在发挥作用，计算机性能依然每隔 18 ～ 24 个月翻一倍以上，计算机想要随着性能增长继续提供翻倍的感官体验，必须进化出新的输入方式和输出方式。也就是说，以探索新型输入方式和输出方式为核心的虚拟现实技术，是计算机的下一个进化方向。

Virtual reality

第二篇 技术革命：了解虚拟现实

虚拟现实技术致力于在现实世界之外创造一个全新的虚拟世界，这一宏大目标并不容易实现。在出发之前，我们需要重新思考虚拟现实的具体定义，以及如何从技术上实现虚拟现实的宏大愿景：让所有人类自由创造并加入一个全新的虚拟世界。

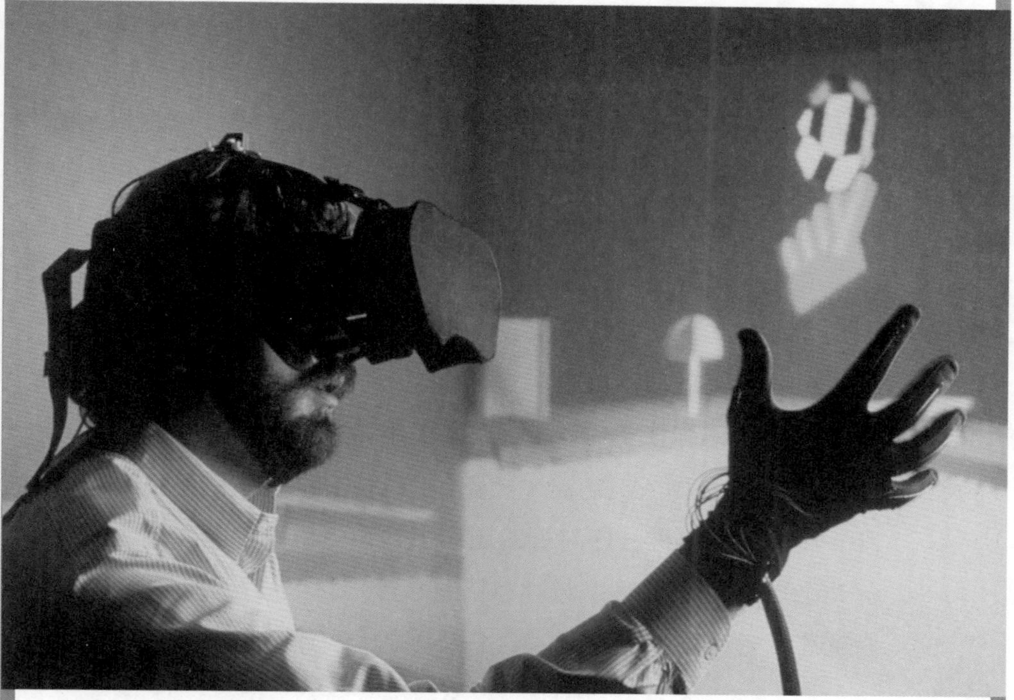

人类开始了解虚拟世界

第3章

虚拟现实：一种并不新鲜的技术

虚拟现实技术在这两年受到媒体和资本的热捧：2014年3月，Facebook宣布斥资20亿美元收购虚拟现实技术公司Oculus VR，点燃了媒体和资本界对虚拟现实技术的想象和热情，在不久的时间内，索尼（Sony）、微软（Microsoft）、三星（Samsung）、谷歌（Google）和HTC等国际知名科技公司纷纷发布虚拟现实产品，参与到这片尚未被开发的市场。虚拟现实领域的融资新闻也层出不穷，所有风险投资机构都在摩拳擦掌，寻找下一个有潜力实现百亿估值的虚拟现实公司。一些虚拟现实从业者更是直呼2016年是虚拟现实产业爆发的元年。

然而，虚拟现实并不是这几年才出现的前沿技术。关于虚拟现实的历史，最早可以追溯到80多年前。早在第一次世界大战期间，有人开始尝试使用机电设备来制作模拟器，最有名气的莫过于1929年美国人艾德温·林克（Edwin Link）发明的飞行模拟器——林克训练机。这部机器还原了普通飞机驾驶舱的环境，具备一个启动平台，可以让体验者感受到飞机进行俯仰、滚转与偏航等飞行动作。林克训练机可以说是人类模拟仿真物理现实的首次尝试，其后随着控制技术的不断发展，各种仿真模拟器相继问世。

1965 年，计算机图形学的奠基人伊凡·苏泽兰（Ivan Sutherland）博士在《终极的显示》（*The Ultimate Display*）一文中以敏锐的洞察力和超前的想象力描绘了一种新的显示技术。在苏泽兰的设想中，人类可以直接沉浸在计算机控制的虚拟环境之中，感受到如同现实一般逼真的环境；同时人们还能与虚拟环境中的对象进行交互，能够感知到力反馈和声音提示。苏泽兰的这篇文章首次从计算机和人机交互的角度提出模拟现实世界的思想，启发了人们对虚拟现实系统的研究。

到了 1968 年，伊凡·苏泽兰率领其学生研发出世界上第一款头戴式虚拟现实设备：达摩克利斯之剑（The Sword of Damocles），如图 3-1 所示。达摩克利斯之剑系统的诞生具有里程碑式的意义，它的出现定义了虚拟现实技术的几个核心要素，如下所述。

- 立体显示：系统使用了两台 CRT 显示器，通过分别显示不同视角的图像来实现立体视觉。
- 实时生成画面：系统中所看到的图形是计算机实时运算

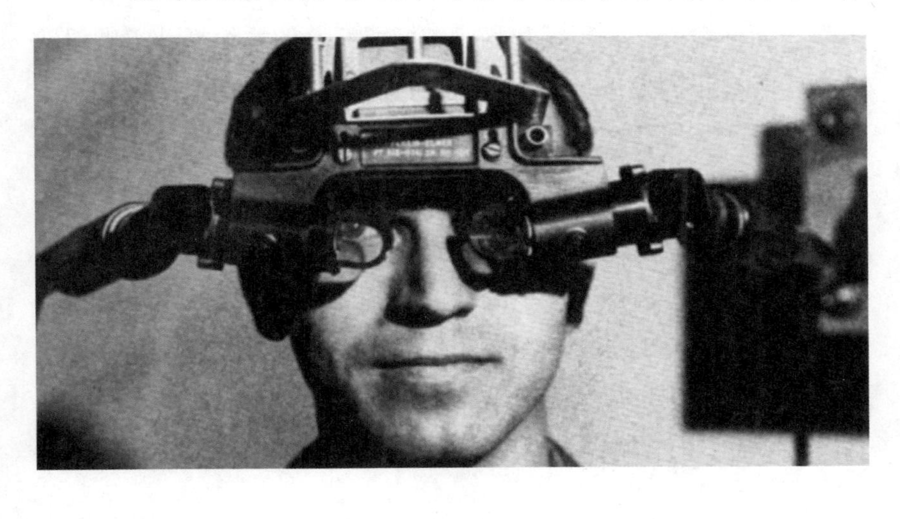

图 3-1　伊凡·苏泽兰和他的团队打造出了第一款现代意义上的虚拟现实设备

生成的。

- 动作跟踪：系统使用了超声波和机械连杆来捕捉头部运动，实现运动跟踪。
- 环境互动：系统提供了供双手操作的把手，与虚拟环境中的对象进行互动。
- 模型生成：系统不仅使用计算机实时运算生成画面，还能让画面中的模型随着头部运动而变化。

由于伊凡·苏泽兰对虚拟现实技术的理论诞生和应用发展做出了巨大贡献，他被称为虚拟现实之父。

进入20世纪80年代，随着个人计算机和互联网技术的发展，虚拟现实技术进入快速发展阶段。虚拟现实技术在政府和军事领域得到重视，1983年美国陆军与美国国防部高级研究计划局（Defense Advanced Research Projects Agency）联合研发SIMNET（SIMulator NETworking）计划，它可以联结200多台模拟器，为士兵提供坦克协同训练；1984年NASA Ames研究中心的M.McGreevy和J.Humphries开发出虚拟环境视觉显示器，将火星探测器发回的火星地面数据输入计算机，以3D画面的形式还原火星表面环境。这些军事和科研领域所开发的系统推动了虚拟现实理论和技术的发展，图3-2所示的是虚拟现实技术在军事领域的应用。

到了20世纪80年代末，美国VPL公司创始人Jaron Lanier正式提出了虚拟现实（Virtual Reality，VR）的概念，这一词语很快被科研人员广泛接受，并成为这一科学技术领域的专用名词。与此同时，虚拟现实技术在商业应用领域的巨大潜能也开始得到注意，一些公司开始尝试研发基于虚拟现实技术的消费品。

到了20世纪90年代，日本游戏公司世嘉（SEGA）和任天

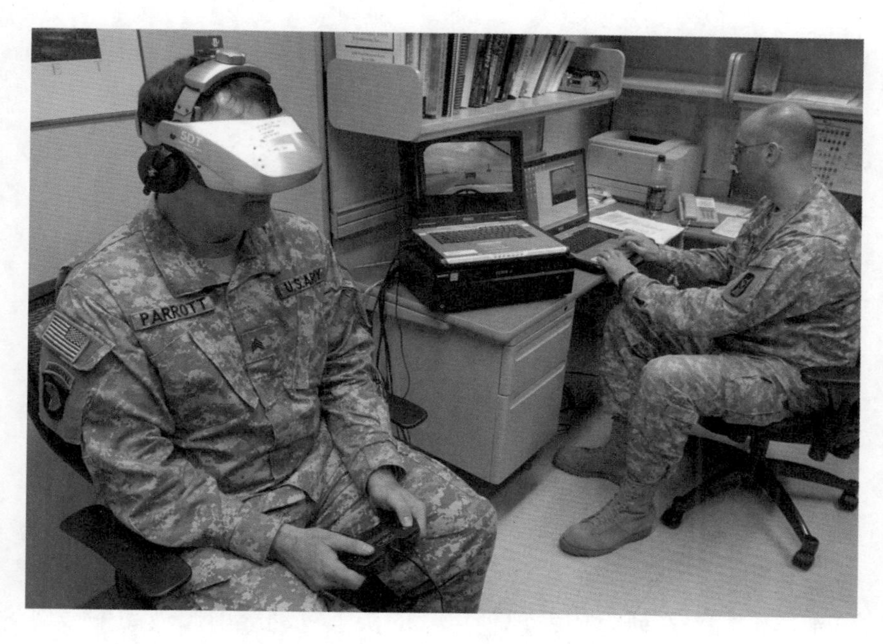

图 3-2　虚拟现实技术在军事领域一直具有重要的应用价值

堂（Nintendo）相继推出了 VR 游戏机 Sega VR-1 和 Virtual Boy，在业界引起轰动，如图 3-3 所示。任天堂作为游戏产业的巨头公司，对 Virtual Boy 有很高的期待，设计者横井军平希望能使用虚拟现实技术突破游戏的发展方向，改写整个游戏产业。与常见游

图 3-3　首次出现在大众消费领域的 VR 设备

戏机不同，Virtual Boy 采用了头戴显示器的设计，通过两块 LED 屏幕来实现沉浸式体验，屏幕只支持红黑两色，通过特殊设计的画面来表现不同的层次，实现一定的 3D 效果。Virtual Boy 所提供的画面还十分简陋，但头戴显示器的设计理念是超前的，目前世界上先进的 VR 头戴显示器都是基于 Virtual Boy 双显示器的设计，搭载了更先进的屏幕。

然而，被任天堂公司寄予厚望的 Virtual Boy 在日本市场只存活了 5 个月，在美国市场也上市不到一年便下架。Virtual Boy 为何遭遇如此惨痛的失败？这与当时虚拟现实技术的不成熟和开发者缺少经验有关。

首先，Virtual Boy 设计者横井军平起初的设计是便携头戴式显示器，后来在研发中发现使用者的头部晃动会引起液晶偏振现象，导致图像紊乱错位，Virtual Boy 的研发计划一再延期，而竞争对手所研发的游戏机已经问世，市场反响超出预期。面对当时的情况，任天堂公司时任社长山内溥决定将 Virtual Boy 提前推向市场，横井军平只能将便携头戴式显示器临时改为通过支架固定于桌面上的设计，完全失去了头戴显示器的意义。

其次，任天堂的开发者也缺少虚拟现实技术的开发经验，Virtual Boy 所试图打造的沉浸式环境体验并不好，许多用户在使用后有明显眩晕感，甚至头痛等现象。作为游戏机，无法给玩家提供愉悦的沉浸式游戏体验，反而给玩家带来身体上的强烈不适，无疑是失败的。再考虑到 Virtual Boy 当时极为昂贵的价格，失败的结局早已注定。

来自日本的游戏巨头公司任天堂，对虚拟现实技术抱有极大的热情并投入资源进行研发，仍然遭遇惨痛的失败，如图 3-4 所示。我们可以从中总结一些经验教训，对虚拟现实技术有更深的

图 3-4　百年老店任天堂在 VR 上也惨遭失败

认识。如笔者在第 1 章所言，虚拟现实技术是为了提供接近和超越现实的体验而生的，感官体验是虚拟现实技术在应用层面的基础核心。在任天堂决定研发 Virtual Boy 的时代，当时的科技水平还远不足以在 VR 设备中提供逼真的沉浸式环境，开发者也缺少经验，不了解什么样的图像内容不会给用户带来眩晕等不适。更重要的是，当时以 IBM 为代表的厂商开始研发个人电脑（Personal Computer， PC），以英特尔为首的半导体产业也在摩尔定律的作用下研发出运算速度越来越快的芯片，计算机在感官体验的道路上才刚刚启程，对当时的人们来说，计算机及其衍生的电子游戏比虚拟现实技术更接地气，更容易实现美妙的感官体验。

随着个人电脑的流行和互联网的兴起，人们将注意力转向计算机与互联网，一度火爆的虚拟现实技术很快销声匿迹。不过，正如第 1 章所言，这一代计算机的好时光所剩不多了，性能的翻倍提升对画面质量的改进越来越不明显，想要继续满足消费者对感官刺激的需求，只有让计算机进化。于是在虚拟现实行业沉寂近 20 年后突然有了 Facebook 斥资 20 亿美元加入虚拟现实行业的大动作，点燃了资本界对虚拟现实产业的热情。

第4章 硬件装备

虚拟现实技术的发展已经有超过半个世纪的历史，它的发展路径是十分清晰的。1968 年伊凡·苏泽兰教授与其学生一同打造的达摩克利斯之剑系统被称为是世界上第一款真正的虚拟现实原型设备，之后所有关于虚拟现实技术的研究，都是基于达摩克利斯之剑系统的设计，然后采用更新、更全面的技术与设备。

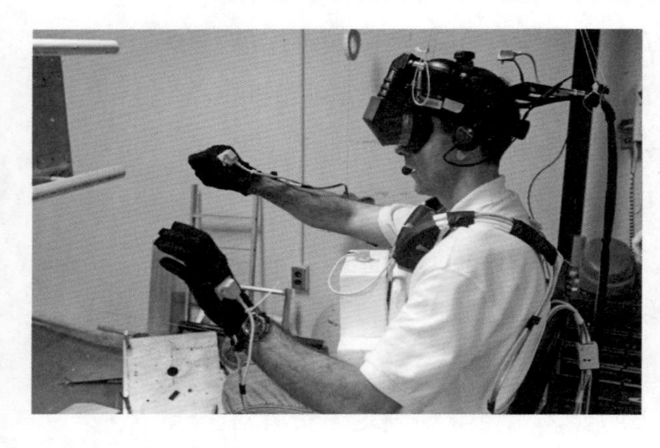

图 4-1 用户通过一系列硬件装备与虚拟世界发生互动

达摩克利斯之剑系统指出了虚拟现实技术的核心要素：使用计算机营造尽可能逼真的虚拟环境，让用户尽可能真实地感知环境；用户可以与虚拟环境进行尽可能真实的互动。这两点核心要素在技术装备上的体现即是信息输出设备和信息输入设备：通过全方位、高精度的信息输出设备让用户感受到真实的环境；用户使用全方位、高精度的信息输入设备与虚拟环境进行接近真实生活体验的互动，如图 4-1 所示。

4.1 信息输出设备

一套虚拟现实系统在硬件上包括负责运算的计算机、信息输出设备和信息输入设备。虚拟现实技术对计算机的要求是拥有足够的计算能力，能够流畅模拟足够逼真的虚拟环境，由于当前计算机的性能仍然随着摩尔定律快速提升，半导体产业的发展瓶颈似乎还遥不可及，计算机的性能不是我们研究虚拟现实技术的重点。

Facebook 于 2014 年斥资 20 亿美元收购的虚拟现实技术公司 Oculus VR，其产品 Oculus Rift 即是头戴式显示器（Head-Mounted Display，HMD）。Oculus VR 公司的创始人帕尔默・拉奇（Palmer Luckey）18 岁时在父母的车库中创造了他的第一款头戴显示器 CR1，只能展示 2D 画面，拥有 90° 的狭窄视角。在接下来的一年中，帕尔默・拉奇研发了一系列头戴显示器原型，努力实现 3D 画面和 270° 的视角。帕尔默・拉奇把他的第六代原型命名为"Rift"，如图 4-2 所示。并在众筹网站 Kickstarter 上发布产品，最终筹得 240 万美元。当 Oculus VR 公司被 Facebook 以 20 亿美金收购时，

图 4-2　Oculus 创始人帕尔默・拉奇

帕尔默·拉奇还不满22岁。

像头盔或眼镜一样的头戴显示器是大众对虚拟现实的第一印象，头戴显示器也的确是VR体验的核心。就像人们第一次走进3D电影放映厅所感受到的震撼一样，用户戴上VR眼镜后能直接感受到沉浸式虚拟环境所带来的震撼体验。传统显示器不论画面有多么精细，颜色有多么真实，给人的感觉是永远是隔着屏幕观看一个与自己无关的世界，即使用户在观看3D显示器，也很清楚屏幕中的世界与现实生活的距离。VR眼镜将两块显示器放置在用户眼球前几厘米的地方，通过左右影像的重叠实现接近真实世界的视觉效果，从设计原理来说，VR眼镜对视觉感官的榨取已经达到极限，达到了真假不分的程度。

当然，当前的VR眼镜还有很多问题需要解决，并没有真正实现以假乱真。最容易被注意到的问题就是图像清晰度的问题，我们都知道手机屏幕的分辨率越高，屏幕的颗粒感越不明显，显示效果也就越清晰真实，如果手机屏幕的分辨率较低，就会出现"纱门效应"，画面颗粒感十分明显。苹果公司创始人乔布斯于2010年6月8日在美国旧金山发布了具有划时代意义的iPhone 4，其最大的亮点是采用了名为Retina的显示技术，在每平方英寸的屏幕面积里塞入了327个像素，而计算机显示器的像素密度通常为每平方英寸72个像素，也就是说iPhone 4的屏幕像素密度是计算机显示器像素密度的四倍以上，如图4-3所示。

可见，电子屏幕的画面精细程度取决于像素密度，当然，在实际生活中还要考虑人眼与屏幕的距离。乔布斯认为像素密度达到327的iPhone 4能提供"视网膜"级的清晰画面，即建立在人类使用手机时眼睛与屏幕的平均距离为30厘米左右的基础上。如果把iPhone 4的屏幕举到眼前仔细看，不难发现屏幕画面的颗

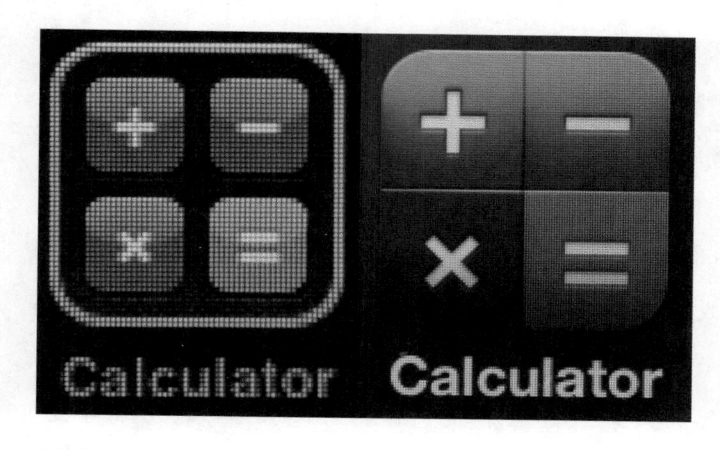

图 4-3 像素密度越高，图形显示效果就越精细

粒感。

VR 眼镜想要提供“视网膜”级的清晰画面，所遭遇的挑战比手机屏幕难得多。VR 眼镜的特殊在于要尽可能覆盖用户的全部视野。根据 AMD 公司于 2015 年 8 月发布的分析报告，人眼在水平方向上有 120° 的视野范围，在垂直方向上有 135° 的视野范围。然而用户在使用传统计算机显示器时在水平方向上获得的视野平均为 50°，在垂直方向上获得的视野通常只有 30°。想要扩大显示器的观看视角，只有增加屏幕尺寸或拉近屏幕与人眼的距离。如果选择增加屏幕尺寸，会遭遇两个难于克服的挑战：虚拟现实技术不仅要实现全视野的画面，还要实现画面跟随人的头部转动而变化，上百英寸的屏幕无法轻便快速的跟随头部移动；此外，大尺寸屏幕的成本一直居高不下，当前 120 英寸高清电视的价格均在百万元上下，这不是消费者能承受的价格。

因此，眼下唯一能考虑的方案即是拉近人眼和屏幕的距离，这样可以较好地提供接近人眼视野角度的画面。但这种方案也有其弊端，即画面清晰度的问题。传统电子屏幕的使用场景通常是人眼与屏幕有数十厘米甚至数米的距离，而用户在使用 VR 眼镜时人眼与屏幕的距离通常只有几厘米，传统电子屏幕的像素密度根本无法满足虚拟现实技术的需求。所以，当下虚拟现实技术所遭遇的最现实的问题即是传统电子屏幕的像素密度过低，VR 眼镜所提供的实际画面效果还很粗糙，远没有达到人类视力的极限。

AMD 公司在 2015 年 8 月发布的一份报告指出，人眼的视网膜能感知到含有 1 亿 1 600 万像素的画面，虚拟现实技术想要在画面清晰度上做到“以假乱真”，起码要使用含有 1 亿 1 600 万像素的电子屏幕，最接近这个数字的是 16K 屏幕，即分辨率为 15 360×8 640 的屏幕。以 Oculus Rift DK2 为例，其所配置的屏幕尺寸为 5.7 英寸，为了实现与现实无异的清晰画面，其屏幕需要在每平方英寸里塞下 3 092 个像素，这个数字在目前看来还是一个不可想象的技术挑战，目前已经被广泛商业应用的电子屏幕中像素密度最高的也只有每平方英寸 500 多像素，3 092 这个数字恐怕还要许多年才能实现。

当然，就如同手机的发展历史一样，消费者不会等到 16K 屏幕的问世才购买 VR 设备，8K 分辨率甚至 4K 分辨率就已经能提供可以接受的画面体验，16K 分辨率会随着 VR 行业的火爆而加速面世。

2015 年，索尼公司发布了全球首款搭载 4K 分辨率屏幕的智能手机 Xperia Z5 Premium，在 5.5 英寸的狭小屏幕内塞入了将近 690 万个像素，像素密度高达每平方英寸 806 个像素。那么，手机屏幕和 VR 眼镜所需要的屏幕能否通用？答案是肯定的，因为 VR 眼镜所需要的屏幕尺寸通常在 5 ～ 7 英寸，而当前主流的智能手机都配有 5 英寸以上的手机屏幕。大名鼎鼎的 Oculus Rift DK2 所使用的屏幕即三星智能手机 Galaxy Note 3 的屏幕，如图 4-4 所示。

图 4-4　Oculus VR 公司直接使用三星智能手机的屏幕作为 VR 眼镜的屏幕

4K 分辨率的手机屏幕已经到来，而根据华尔街分析师的判断，8K 分辨率的手机屏幕将在 2020 年之前实现量产，而现在已经是 2016 年了——还记得 iPhone 4 发布的时候吗？那已经是 6 年前的事情了。

对于人眼而言，画面足够清晰还远远不够，因为 VR 系统的使用场景是动态的，这意味着虚拟现实技术还有两道难关需要跨过。人在观看电视、使用计算机和手机的时候，眼睛与屏幕处于相对静止的状态，电子屏幕只需要流畅清晰地展示画面即可。但用户在使用 VR 眼镜时会频繁地转动头部、转动身体，这个时候 VR 眼镜所展现的画面要随着用户动作及时变化，如果画面没有及时跟上，用户的大脑会感知到视觉信息和肢体动作的不匹配，身体会产生眩晕、恶心等不良反应。

为了保证 VR 眼镜在动态的使用场景下仍然能提供真实愉悦的体验，虚拟现实技术需要克服两个技术难关：屏幕刷新率和延迟率。屏幕刷新率指屏幕每秒所展示的画面数目，我们日常生活中所使用的计算机显示器即是每秒 60 次的刷新率。科研人员指出，想要让用户不产生眩晕感，VR 眼镜的屏幕需要至少每秒 90 帧的刷新率。由于用户在 VR 眼镜中所看到的画面全部是由计算机实时生成的，计算机为了生成画面需要消耗一定的运算时间；再考虑到 VR 眼镜上的传感器还要对用户头部动作进行捕捉，最终用户看到的画面与实际动作之间会有一定的延迟。AMD 公司在分析报告中指出，延迟时间需要控制在 20 毫秒以内才能保障沉浸式临场感，否则就会“露馅”。

索尼公司于 2015 年 9 月的东京电玩展（Tokyo Game Show）上展示了 VR 产品 PlayStation VR，官方所公布的硬件配置包含 5.7 英寸的屏幕，其分辨率为 1 920×1 080、刷新率为 120Hz、延迟率为 18 毫秒，视角达到 120°，如图 4-5 所示。可以发现，PlayStation VR 的刷新率超过了 90Hz，延迟率也低于 20 毫秒，只有视角和屏幕分辨率仍然是短时间内需要攻克的技术难关。

人类的感官不只是有视觉，还有听觉、触觉、嗅觉、味觉等，这些感官都应该是虚拟现实技术所致力满足的对象。在听觉方面，

图 4-5 VR 设备的使用场景是动态的，这对显示器提出了很高的要求

一些高端耳机已经能实现环绕立体声效果，该效果能还原一个场景中从四面八方传过来的声音，让用户有身临其境的临场感。在

嗅觉方面，科研人员遇到了一些困难，我们都知道所有色彩都是由红、绿、蓝三种基础颜色组合而成的，但目前科研人员还无法证明气味可以像色彩一样由几种基础气味复合而成，想要低成本快速还原各种气味在技术上暂时还不太现实。至于触觉，它包含一系列复杂机械刺激的感受，触觉包括温度、湿度、疼痛、压力、振动等感觉，对 VR 系统来说，还原任何一种触觉的成本都不会太低。考虑到早期用户的使用情景，振动、加速感和失重感会比较重要，也相对容易实现。至于味觉，它的问题和嗅觉一样，目前还无法证明所有味道是由几种基础味道组合而成，很难被计算机还原，所以美食才显得如此难能可贵。

综合对各种感官的分析，我们可以发现虚拟现实技术在短期内能输出的信息类型其实还很有限，主要集中于视觉和听觉，其他感官的信息暂时还难以被计算机理解和还原。即使是视觉和听觉这两部分，当前的虚拟现实技术也没能提供百分之百完美的真实体验。不过不必灰心，诞生于 20 世纪的电视机虽然只能提供不真实也没有临场感的画面和声音，但也成功在全世界范围内流行，走进绝大部分家庭的客厅里。当前的 VR 产品能提供的视听体验远远超过电视机，在世界范围内流行只是时间问题。

4.2 信息输入设备

VR 设备如果只能输出信息，不能输入信息，那它就只是一个高级的家庭电影院罢了，虚拟现实技术最大的魅力就在于人可以与计算机控制的虚拟环境进行互动，就像在真实世界一样：看到的风景会随着双腿的走动而变化，人们会回应你的肢体动作和问候，物品可以被移动或操作等。图 4-6 反映了这一现象。如何让计算机知道我们想对环境做什么，依靠的就是信息输入设备。

自迈入计算机时代以来，人类主要是通过键盘、鼠标和麦克风与计算机后面的虚拟世界进行对话，这种情况一直到智能手机时代才得到艰难的突破，人类可以通过触摸来操作计算机了（智能手机本质还是计算机）。遗憾的是，人类在过去几十年间发展

图 4-6 VR 设备不仅能看，还能允许用户与环境可互动

和使用的信息输入设备在 VR 系统中基本无法得到应用，发明家们需要发明出真正适合虚拟现实技术的信息输入设备。

在上一节中我们已经提到，为了实现沉浸式的视觉体验，人们选择把屏幕贴在眼睛来获得宽阔的视野范围，这一做法在提升视角上的确很有帮助，但也有副作用：用户的眼睛被 VR 头盔紧密包住，无法看到外部环境。在这种情况下，用户无法像过去一样低头查看键盘进行操作，键盘的使用场景已经彻底不存在。当然，键盘的问题不只是用户没法看着键盘操作，更大的问题在于，当用户的几根手指头动一动就能让虚拟世界里的用户上下翻飞，而现实中的身体却是静止的，用户的大脑就会“报错”，不能理

解眼镜和身体之间的矛盾，这样做的结果就是用户感受到强烈的头晕、恶心，产生严重的身体不适。

通过键盘的例子，可以看出虚拟现实技术对信息输入设备的要求：首先要解决人眼被 VR 屏幕彻底遮挡的情况下如何使用信息输入设备的问题；其次还要解决信息输入与相应的信息输出是否协调的问题。

根据虚拟现实技术对信息输入设备的两点要求，我们接着分析当前计算机常见的信息输入设备。鼠标是现代人工作生活中难以离开的好伙伴，我们每天工作和娱乐时所使用的计算机，主要操作方式还是使用鼠标。与键盘不同，鼠标的操作不需要用眼睛盯着，可以盲操作，但除此之外鼠标就没有优势了。鼠标只能执行以点击和移动为主的简单操作，输入的信息都十分简单，而在 VR 世界里，用户与环境的互动是复杂多样的，鼠标无法满足虚拟现实技术在信息含量的需求。举例来说，当前鼠标只能在二维平面上进行移动，然而 VR 世界是一个三维空间，仅靠鼠标很难执行稍微复杂的操作。此外，在 VR 世界里出现一个鼠标指针，对用户来说也是种很糟糕的体验。

还有一种常见的输入方式是触摸，我们每天所使用的手机绝大部分都是触摸屏手机，我们只要动动手指头就能对手机里的信息内容进行操作，这是一种非常自然的信息输入方式。然而，这一日常生活中随处可见的输入方式也不适用于虚拟现实技术，因为触摸的前提是用户能看到自己的手指和触摸屏，而虚拟现实技术为了提供沉浸式的视觉体验，用户的双眼是被电子屏幕紧紧遮住的，无法看到自己的手指和触摸屏。此外，手机上常见的触摸技术被应用于二维平面上的操作，缺少在三维空间的操作经验，如图 4-7 所示。

幸运的是，语音传输技术可以不受限制的在 VR 系统中得到应用，只要一个麦克风就可以向计算机录入语音信息，一个耳机就可以真实还原语音信息，整个过程只用到人类的嘴巴和耳朵，这些感官没有受到 VR 设备的约束，可以自由、自然地运用。

图 4-7 用户在使用 VR 设备时无法看见外部环境

除了语音传输之外，手柄可能是为数不多可以盲操作的信息输入设备了，绝大部分用户在使用手柄时不需要低头看着手柄，用户只需要熟悉几个按钮的位置就能灵活使用手柄。此外，手柄也能很好地进行三维空间的操作，用户不需要经过长时间的学习培训就能快速上手。美国军方已经在实战中使用 Xbox 360 的游戏手柄来操作拆弹机器人，理由是士兵可以快速掌握操纵拆弹机器人的方法，同时游戏手柄已经能满足精确操纵机器人的需求，如图 4-8 所示。

然而，手柄接入 VR 系统中仍然是有致命缺陷的。首先，现有的游戏手柄只能在 VR 世界中控制角色的位置发生移动，一些复杂的肢体动作无法通过手柄表达，比如腰部的转动、手臂的挥动等；其次，当用户动动手指头就能让眼前的虚拟世界上下颠倒、

图 4-8 被军事领域得到应用证明了 Xbox 手柄的优秀

前后移动时，视觉信息与肢体动作之间的矛盾会使用户的大脑无从适应。所以，手柄对虚拟现实技术来说仍然不够完美，能够输入的信息不够全面，并且它只调用了手指头，用户在虚拟世界里的行走、跑动、转身等动作不能只靠手指头实现，否则会导致用户产生眩晕、恶心等反应。

4.3 理想信息输入方式的畅想

上一节对传统信息输入设备进行了分析，发现除了语音传输之外，所有的信息输入方式在 VR 系统中都遭遇到一个共同的问题：眼睛和肢体不协调的问题。大脑从肢体处得到的信号是“我在静止”，而从眼睛那里得到的信号却是“我在运动”，这两种信号所产生的矛盾会使用户的大脑无法处理，导致头晕、恶心等现象。

想要解决这一问题，新的信息输入方式必须要让用户的四肢参与到信息输入的过程当中。于是，一些公司研发出了如图 4-9 所示的全向跑步机，用户可以在跑步机上进行奔跑、行走、转身、蹲坐等动作，用户在 VR 眼镜中所看到的画面也会随着现实中肢体的动作而改变，正好体现了这一现象。

全向跑步机的优点在于它完整的还原了现实中肢体运动的体验，用户戴上VR眼镜后可以像现实生活中一样走动，这是最自然、最符合直觉的信息输入方式，在体验的真实度方面上很难有别的信息输入方式能够超越它。我们可以想象一下，在一个休闲的周末，用户走上全向跑步机，戴上VR眼镜，走进计算机所模拟的虚拟环境，也许漫步异国他乡的街头，也许行走在月球表面，也许徜徉在万米海底，一切感受都是十分的真实，让人忘记缺少乐趣和激情的现实生活。

图4-9 全向跑步机可以还原比较真实的运动体验

然而，全向跑步机在完美的表象下也有缺点。最直接的缺点就是笨重的体积，占地面积过大，在寸土寸金的北上广深，很多年轻人还住在十平方米的卧室中，每一平方米的房价在三五万元以上，购置一台巨大笨重的全向跑步机可能太奢侈了。除此之外，与现实完全一样的行动方式意味着和现实完全一样的体力消耗，当用户结束了一天的劳累回到家中，还要走上跑步机走动几十分钟甚至一两个小时，对用户来说是很糟糕的体验，失去了娱乐本身的意义。

类似全向跑步机的信息输入方式还有 HTC 与 VALVE 合作推出的 VR 设备 HTC Vive，它除了配备常见的 VR 眼镜和手持控制器之外，还配有一套可以装置在房间里的定位系统 Lighthouse，通过激光和光敏传感器来确定房间内所有运动物体的位置，包括用户的位置，其工作原理如图 4-10 所示。

这套系统的运动体验比全向跑步机还要接近现实生活，然而，运动体验不是用户在使用中所遇到的全部，当用户在家中使用

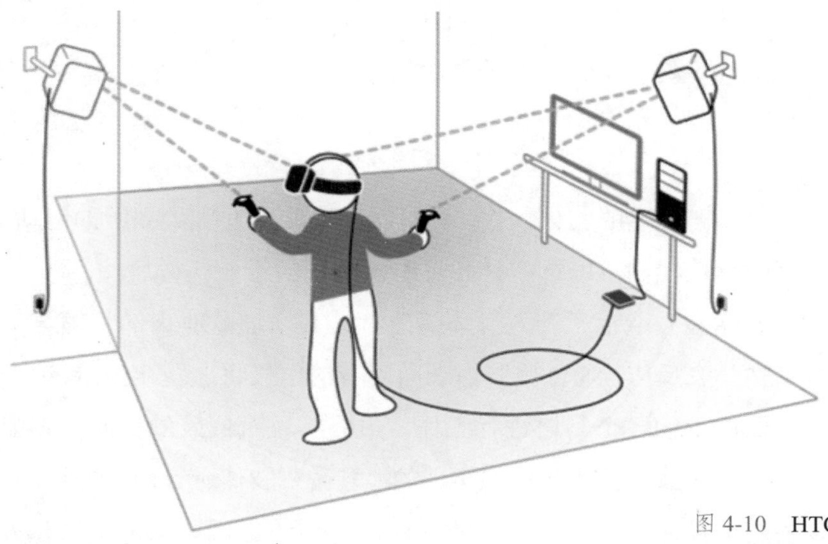

图 4-10　HTC Vive 的工作原理

HTC Vive 时，用户要带上 VR 眼镜在房间里走动，也就意味着房间要尽可能地大，而且没有任何杂物。这一要求对在大城市谋生的消费者而言是不可能满足的，大部分房间只有不到 20 平方米的空间，并且摆满了家居、床等物品，实际自由活动面积通常只有可怜的几平方米。即使用户能找到足够大的房间，遗憾的是 VR 世界中的场景通常不会只有一个房间的大小，用户在房间里走不

了几步就要撞到墙壁，图 4-11 反映了 HTC Vive 的致命缺陷。

那么，有没有既能调用用户四肢，但又不需要完全像现实一样大幅运动的信息输入方式呢？这套信息输入方式的核心是能捕

图 4-11 HTC Vive 的致命缺陷：需要一个空荡荡的大房间

捉用户想要发生的肢体动作，同时又不用肢体发生大幅度的运动，在这方面，我们可以重新打开思路，从别的行业获得启发。

智能假肢造福了千万身体障碍者，其原理是肌肉的收缩与舒张会在体表反应，通过假肢内表面附着的电极将之转化为电信号，指挥假肢上的各个马达进行工作，最终实现对假肢的控制。智能假肢的工作原理正是我们想实现的：只需要肢体进行简单的运用，设备就能检测到用户想实现的动作。幸运的是，一家来自加拿大的创业公司已经在致力于运用这一原理去操作计算机。

Thalmic Labs 公司于 2013 年年初推出了一款信息输入设备，叫作 MYO 腕带。当用户把 MYO 腕带佩戴在手臂上时，腕带上的感应器可以读取用户手臂肌肉收缩与舒张时产生的肌肉电信号，并将其转化为计算机能够理解的操作命令，如图 4-12 所示。

根据 Thalmic Labs 公司的介绍，用户可以使用 MYO 腕带操

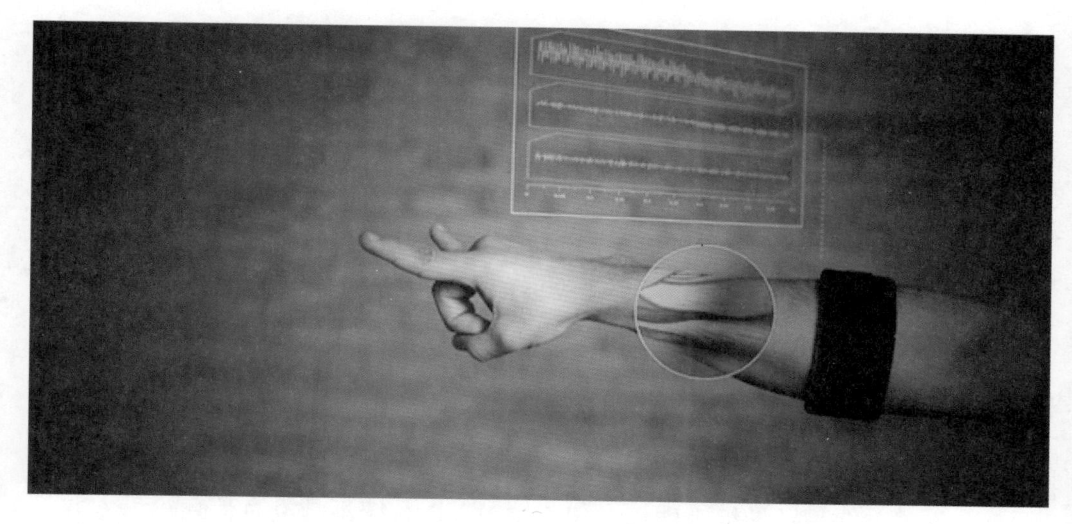

图 4-12 MYO 腕带可以检测手臂肌肉的收缩与舒张

作游戏中的枪械，通过手臂上个别肌肉的收缩和舒张来实现开火等功能，如图 4-13 所示。然而，MYO 腕带的应用远不止于此，约翰斯·霍普金斯大学（Johns Hopkins University）的研究人员成功使用两部 MYO 腕带帮助身体障碍者操纵假肢。同样地，这类设备也可以使用户躺在床上就能在 VR 世界里实现行走、跑步、

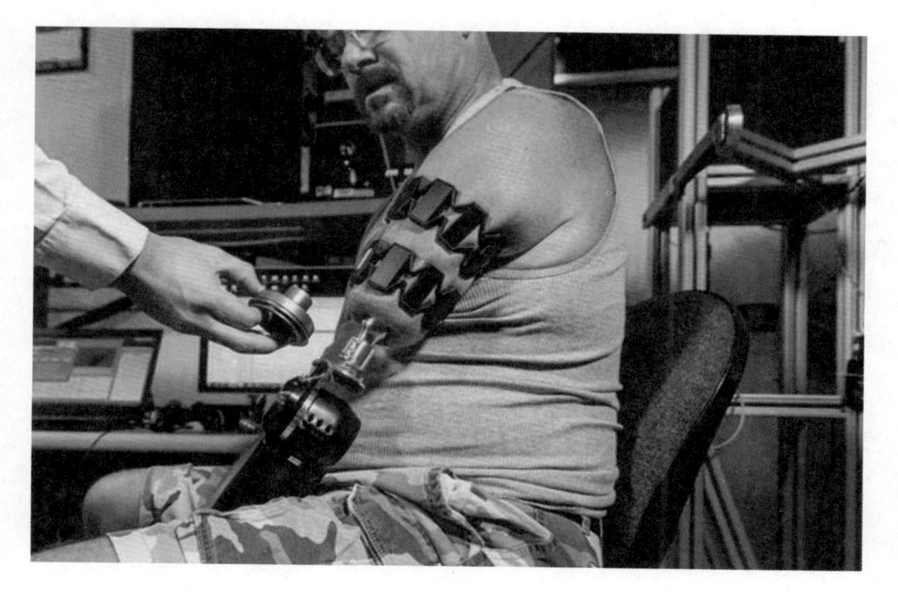

图 4-13 研究人员利用 MYO 腕带帮助身体障碍人士操纵假肢

转身、蹲伏等动作，无须在全向跑步机上“上蹿下跳”。

然而，这种信息输入方式也有自己的局限。目前这类设备的精度还不高，还待科研人员继续研发出更高精度的产品；此外，用户使用这类设备也需要经历为时不短的学习和适应过程，甚至需要专业、精细的调试过程。作为一个商业化产品，它所面临的问题还有很多，无法解决虚拟现实技术的燃眉之急。

也就是说，短期内我们很难看到理想的 VR 信息输入方式诞生，这肯定会对 VR 系统的用户体验造成极大的打击。不过，因为没有理想的信息输入方式，VR 系统就没有值得想象的商业价值吗？恐怕不能这么想，毕竟 VR 系统不是没有信息输入方式，只是缺少具有现实般逼真体验的信息输入方式，虚拟现实从业人员可以把精力放在开发一些不太依赖信息输入的 VR 应用，一样可以让用户体验到虚拟现实技术特有的魅力和乐趣。就像在计算机上玩斗地主等棋牌游戏，哪怕是使用触摸板笨拙地操作计算机也能玩得很开心。

在硬件上存在种种限制的情况下，开发什么软件内容就很重要了。根据虚拟现实技术的特点和当前的技术缺陷，量体裁衣研发出合适的软件内容，尽可能给用户带来更好的体验，这将决定虚拟现实技术商业化的成败与否。

第5章 软件内容

智能手机已经成为每一个现代人无法割舍的“器官”，没有人能轻易放弃智能手机。现代人在工作生活中有大量的协作和娱乐需求都通过智能手机得到满足，这一切都得益于硬件技术的突破式发展和网络通信技术的快速进步。然而，用户不是科学家或工程师，技术的进步与发展无法成为吸引用户的根本理由，用户只关心技术带来的新奇功能和体验，智能手机之所以战无不胜，就是因为全球数以百万计的开发者在夜以继日地开发各种软件应用，在软件应用的背后还有无数的作家、导演、游戏设计师、产品经理等专业人士努力创造海量的优质内容。

显然，当用户在商场把一套 VR 设备买回家时，他的消费理由绝不只是出色的硬件配置，而是他能用 VR 设备做什么。在 2016 年的今天，大部分人对手机的丰富功能和内容已经是屡见不鲜了，它们已经成为人类生活中不可缺少的一部分，自然地融入现代人每天的生活当中，如图 5-1 所示。实际上，在智能手机刚刚流行的时候，智能手机的无穷魅力在于层出不穷的手机应用，通过这些手机应用用户可以玩游戏、看电影、读小说、浏览网页、

图 5-1 爆红的手机应用证明了软件内容才是智能手机的核心竞争力

视频通话等，这些都是非智能手机时代不敢想象的新奇功能，给用户带来了前所未有的体验刺激。同样地，如果虚拟现实技术能在近期内得到大规模商业化，一定是因为虚拟现实从业者已经为消费者准备了丰富的软件应用和内容，引爆了用户的需求痛点。

自 Facebook 收购虚拟现实技术公司 Oculus VR 以来，投资人对虚拟现实技术的热情被点燃，全世界掀起一股“VR 热”，互联网巨头公司和一些初创公司都在研发虚拟现实技术和产品，致力于虚拟现实技术的商业化。然而，由于虚拟现实技术的发展仍然面临着许多挑战，距离成熟商业化还有一段距离，虚拟现实从业者的主要精力还是应放在技术突破上，他们对于制作软件内容的精力投入还很少。

当前虚拟现实行业在信息输出方式上没有太多分歧，通常是以头盔或眼镜的形式把屏幕近距离放在用户眼睛的前方，配合环绕立体声耳机来实现临场感；但在信息输入方式上还没有统一标准，遗憾的是，可能短期内也不会出现理想的统一标准。因此，当前的 VR 技术更适合以信息展示或交流为主的软件内容，不适合那些重度依赖信息输入的软件内容。

5.1 巨头公司的选择

著名虚拟现实公司 Oculus VR 的联合创始人内特·米切尔（Nate Mitchell）在 2014 年接受媒体访谈时表示，Oculus Rift 原本就是一款为电子游戏而设计的头戴显示器，游戏是 Oculus VR 公司的发展之本。出人意料的是，在不足半年后的 2015 年 1 月，Oculus VR 公司就宣布成立影片工作室 Story Studio，并于同天在圣丹斯电影节首次放映其制作的第一部 VR 电影，如图 5-2 所示，并获得了良好反响。

图 5-2 Oculus 的第一部电影 *Lost*，获得良好反响

关于VR技术在视频领域的商业化应用，各大巨头公司是动作频频。据媒体报道，好莱坞最重要的电影公司之一——20世纪福克斯电影公司已经宣布将在公司旗下的创新实验室对VR电影进行更多的尝试；三星公司宣布使用虚拟现实技术全程直播2016年挪威冬季青年奥运会，用户可以通过VR眼镜观看开幕式和各种赛事；世界最大的视频网站YouTube也在开发360°视频直播功能，为虚拟现实技术的应用打下基础，其公司高层也多次声称虚拟现实是YouTube未来最重要的发展方向；电视传媒巨头英国广播公司BBC和美国广播公司ABC已经在制作基于虚拟现实技术播出的电视节目，图5-3展示了美国ABC公司通过VR技术播报新闻的情形，美国HBO电视网也向外界展示了虚拟现实版的热门影视剧《权力的游戏》；百度旗下的爱奇艺公司也于2015年7月宣布加入虚拟现实行业的竞争之中，为用户提供基于虚拟现实技术的视频内容。

图5-3 美国ABC公司通过VR技术播报新闻

回过头来看看游戏领域，电子游戏领域行业的巨头公司们对虚拟现实技术的看法就不如视频领域那么高度一致。制作出《刺客信条》《波斯王子》等经典游戏的法国游戏公司育碧（Ubisoft），其 CEO 伊维斯·古利莫特（Yves Guillemot）于 2015 年 5 月表示育碧公司十分看好虚拟现实，当前正在打造多款 VR 游戏；美国艺电公司（Electronic Arts）号称是游戏业界的航空母舰，其 CFO 布莱克·约根森（Blake Jorgensen）于 2015 年年底称艺电公司在 5 年内不会制作 VR 游戏，世界第一大游戏开发商动视暴雪（Activision Blizzard）公司也针对 VR 游戏表达了类似的观点。

虚拟现实技术的信息输入方式没有统一标准是这些游戏巨头公司最头疼的事情，它们担心在理想信息输入方式出现之前，虚拟现实技术可能不适合大规模应用于电子游戏，也许视频领域更适合应用虚拟现实技术。毕竟，游戏开发商现在还无法确定玩家如何去操作游戏内容，又怎么能开发真正高质量受欢迎的 VR 游戏呢？

5.2 大有可为的游戏

在笔者看来，VR 游戏并非不能做，反而大有可为。传统电子游戏开发商会带有其行业思维惯性来看待 VR 游戏，认为 VR 技术还不成熟，无法制作出真正有魅力的游戏。事实是，如果参照个人电脑或游戏主机的标准，VR 技术在信息输入形式上的确很不成熟；如果我们反观 VR 技术在视觉体验上的优点，并以此为参照标准，可以发现传统电子游戏在“临场感”上是彻底输给 VR 游戏的。因此，由于技术特点不同，传统电子游戏和 VR 游戏的核心玩法和核心乐趣都是不尽相同的，无法简单套用传统电子游戏行业的思维方式来判断 VR 游戏的未来。

传统电子游戏和 VR 技术一样，都依赖于计算机所构造的虚拟环境，提供画面和内容。不同的是，传统电子游戏只能通过计算机显示器或者电视机的屏幕去展现游戏内容，同样的画面内容和场景在 VR 眼镜中会有身临其境的体验魅力，在电视机屏幕上则很难吸引用户，因此传统电子游戏开发商选择格斗和第一人称射击作为游戏的主要形式，以此提供逼真刺激的视觉体验，就像横行世界的好莱坞大片都充满着以格斗和枪击为主的暴力元素，这是传统显示器的天然缺陷所导致的必然结果。

动视公司（Activision, Inc., 2008 年与暴雪娱乐合并为动视暴雪公司）最引以为傲的《使命召唤》（*Call of Duty*）系列自 2003 年诞生以来的总销量已经超过 2.5 亿套，连续七年称霸北美电子游戏销量榜。《使命召唤》系列是一系列以战争为题材的射击游戏，玩家需要扮演士兵或特工参与各种战争事件，通过操作枪械参与激烈的战斗。《使命召唤》系列一直致力于提供好莱坞大片式的视听盛宴，《使命召唤 6：现代战争 2》的配乐即是由好莱坞著名电影配乐人汉斯 • 季默（Hans Zimmer）亲自操刀制作，汉斯 • 季默曾为《狮子王》《珍珠港》《加勒比海盗》《盗梦空间》等好莱坞经典巨作配乐，并获得过奥斯卡最佳配乐奖。动视公司也曾多次邀请好莱坞编剧为《使命召唤》系列游戏撰写剧情，如图 5-4 所示，《使命召唤 7：黑色行动》和《使命召唤 9：黑色行动 2》等作品即由出品过《蝙蝠侠：黑暗骑士》的好莱坞编剧大卫 • 索耶（David S. Goyer）负责撰写。动视公司也没放过好莱坞的优秀演员，奥斯卡影帝凯文 • 史派西 (Kevin Spacey) 就参与出演了《使命召唤 11：高级战争》，在游戏中扮演大反派。传统电子游戏在商业化方向的尝试导致游戏大作越来越像好莱坞大作，这与它们的展示媒介都是平面屏幕有关系，它们只能往“大片”方向发展才能轰炸用户的感官，让用户掏出钱包埋单。

图 5-4 《使命召唤》系列一直致力于提供好莱坞大片级的视听体验

以射击和格斗为核心的游戏形式需要玩家使用手柄或键盘鼠标操纵游戏人物，考验玩家的快速反应和准确操作，最重要的是，传统的信息输入设备已经被硬件厂商研发至非常成熟的阶段，玩家可以使用手柄等信息输入设备玩个痛快。举例来说，微软公司为其最新款游戏主机 Xbox One 搭配了一款全新研发的手柄，如图 5-5 所示。这部手柄的研发费用超过 1 亿美元，这一天文数字表明传统信息输入方式早已经被研发至极致。

图 5-5 微软为 Xbox One 游戏主机配备的手柄，其研发费用超过 1 亿美元

遗憾的是，虚拟现实行业还没有如此"贵重"的信息输入设备，巨头公司们还只是刚刚加入虚拟现实行业的战场，主要精力还放在信息输出设备上，即具有临场感的 VR 眼镜，至于信息输入设备，还没能成为商业巨擘们的研发核心。因此，简单地复制传统电子

游戏的制作方式，是无法制作出真正打动玩家的VR游戏，当玩家戴上VR眼镜来到如同《使命召唤》一样的战争现场，开发商如何能说服玩家使用手柄来操纵枪械进行激烈的枪战？又如何能说服玩家使用键盘和鼠标操纵游戏角色躲避在掩体后面，奔跑于枪林弹雨？

因此，虚拟现实行业的从业者在短时间内还无法打造像《使命召唤》一样高度依赖玩家操作的VR游戏，这是由虚拟现实技术当前的技术缺陷所导致的。但这并不代表虚拟现实技术不能用于制作出游戏的VR游戏，毕竟电子游戏被称为第九艺术，是一个很大的艺术范畴，设计和格斗只是游戏类型的其中一种。

虚拟现实技术的最大特点和优点就是人类无法拒绝的逼真视觉体验，VR游戏应该抓住这一特点，让玩家采取视觉体验为主、操作互动为次的方式来感受一款VR游戏。这类VR游戏对信息输入的依赖程度较低，使用键盘鼠标还是手柄来操作VR游戏的影响并不大，游戏的主要乐趣在于真实的视觉体验。

这类VR游戏的形式可以是丰富多样的，例如让玩家置身于太空战舰的驾驶舱，探索广袤的宇宙世界，进行太空战斗；让玩家乘上郑和下西洋的庞大舰队，随郑和一起体验1405年的世界风情，经营大航海家的事业；让玩家来到1879年的伦敦，扮演华生与大侦探福尔摩斯一起探查犯罪现场，研究犯罪案件；让玩家穿越回“二战”时期的纳粹德国，扮演一名德国政府高官，通过剧情对话的选择影响游戏中世界的未来走向等。

在笔者举例的这四款VR游戏中，玩家都可以很轻松的操纵游戏内容，无论是使用键盘鼠标操纵宇宙飞船，还是使用手柄慢悠悠地行走在伦敦街头，都能让玩家很好的感受游戏的乐趣。这类VR游戏对信息输入的依赖较低，玩家可以躺在沙发上轻松完成所有的操作。

所以，VR 游戏并没有如一些传统电子游戏行业从业者所描述的那样不切实际，在近几年内我们有机会看到震撼玩家的 VR 游戏大作，VR 游戏行业也会在届时迎来黄金发展机遇。这一切来得都会比想象中要快。

5.3 前所未有的视频体验

至于虚拟现实技术在视频领域的应用，目前有两个方向：一类是还原电影放映厅的环境，让用户置身于电影院中观看电影；另一类是让用户直接出现在视频场景中，用户可以 360° 环视周围。这两个方向代表着开发者对用户需求的两种理解，也暗含两种不同的视频内容制作方式。

第一类方向的代表作品是 Oculus VR 公司发布的 VR Cinema 应用，它可以把用户置身于一个虚拟的电影院，用户不仅可以在巨大的银幕上播放 2D 电影和 3D 电影，还可以在电影院中随意走动，选择从第一排到最后一排的任意座位，如图 5-6 所示。

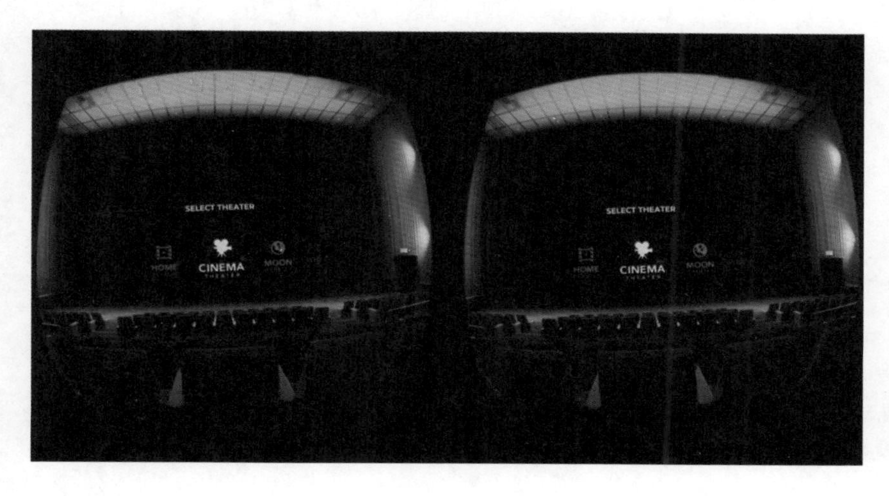

图 5-6 Oculus VR 公司发布的 VR Cinema 应用可以让用户置身于虚拟电影院看电影

虚拟电影院的好处是它不需要虚拟现实从业者为其专门拍摄视频内容，它可以像现实中的放映厅一样直接放映所有视频内容，开发者不用担心视频资源短缺的问题。而且，虚拟电影院也能很好的满足用户的观影需求，由于虚拟世界中的银屏尺寸可以根据需求任意调整，只要 VR 眼镜的屏幕分辨率足够高，虚拟电影院完全可以在视觉体验上超越 IMAX 影院。此外，用户可以随意选择自己喜欢的座位，点播自己想看的任意视频，不用担心观影现场有低素质的观众发出噪声，更不用担心因为生活在小城市或乡村而无法找到高质量的电影院等，这些都是现实中的电影院所不能提供的体验。

在现实生活中，一个 IMAX 放映厅的成本在 1 500 万～2 000 万元，每年的维护成本也在百万元级别。VR 虚拟电影院的成本与 IMAX 影院比起来简直是零成本，而且虚拟电影院的环境可以不受现实制约，它可以是在月球表面，也可以是在万米海底，对于开发者来说都只是一段代码而已。

虚拟现实技术在视频领域的应用还有第二个方向，即 360° 全景视频，如图 5-7 所示，用户可以直接出现在视频场景中，可

图 5-7　全景相机通过各个方向上的摄像头记录下 360° 的全景视频

以 360° 环视周围。此类视频是通过一个专业的全景相机来拍摄录制的，全景相机在三维尺度的各个方向上都有许多摄像头对周围进行拍摄，然后通过软件算法处理出 360° 的全景视频，用户获得的视野就是全景相机的视野。

此类视频可以说是真正的虚拟现实视频，用户可以转动头部看见四周的环境，仿佛身临视频中的现场，具有极强的临场感。然而，利用虚拟现实技术在全景视频领域的应用和发展没有想象中的顺利：首先，全景视频的资源极其稀少，虚拟现实从业者需要从零开始打造视频资源；其次，全景视频的录制方式与传统视频完全不同，此前的摄像方式、剪辑方式、录音方式和演员的表演方式都不再适用于全景视频，整个行业处于人才空缺状态；另外，全景视频的录制成本也比传统视频要高得多，因为全景相机会 360° 的录下周围所有内容，制作方必须保证录制现场不会出现任何干扰视频内容的事物。不过，抛开这些困难，我们会发现全景视频的杀手锏是“临场感”，对于像演唱会现场或旅游景点等场景，全景视频所展现的魅力远远超过传统视频。图 5-8 展示了

图 5-8　通过全景视频可以观看明星的现场表演

可以通过全景视频来近距离的观看明星的演出等。

正是因为看到了虚拟现实技术结合全景视频所迸发出的巨大魅力，世界上最大的视频网站 YouTube 已经于 2015 年年初支持全景视频，并声称虚拟现实是 YouTube 未来最重要的发展方向，紧随其后的 Facebook 也于 2015 年 9 月宣布支持全景视频的播放，中国最大的视频网站优酷网在 2016 年也同样支持了全景视频。

对比 VR 游戏和 VR 视频，可以发现两者的差别并不十分明显，两者更像是同一事物的两种偏向形态。VR 游戏更注重与环境的互动，VR 视频更注重身临其境般的视听体验。下面一个例子也许能让你明白，VR 内容很可能会像电子游戏一样，成为与舞蹈、电影、音乐等齐肩的一种全新艺术形式，届时人们也许会称为“第十艺术”。

Oculus VR 公司在 2015 年所举办了虚拟现实应用竞赛 Mobile VR Jam，一款名为《夜间咖啡馆：向凡·高致敬》（*The night Cafe：An immersive Tribute to Van Gogh*）的应用斩获了应用体验类白金奖。戴上 VR 眼镜后，用户来到一家夜间营业的咖啡馆，伴随着细如流水的钢琴演奏曲，出现在眼前的是著名凡·高画作《夜间咖啡馆》的场景。寻觅钢琴声传来的方向走去，在咖啡馆的角落看到凡·高孤独地抽着烟斗，坐在椅子上看钢琴师弹奏乐曲。接着凡·高走向窗边，用户也紧随凡·高望向窗外，看到的是美丽而梦幻的星空，正在不可思议地流动着，具体如图 5-9 ～图 5-11 所示形象的反映了此景象。

图 5-9　该应用还原了凡·高画作《夜间咖啡馆》所描绘的场景

图 5-10　孤独抽烟的凡·高和弹奏乐曲的钢琴师

图 5-11　咖啡馆的窗外是流动中的美妙星空

5.4　社交网络的进化

除了游戏和视频，虚拟现实技术是否还有在其他领域的应用场景？当然有，并且非常多。这些应用场景的核心要素是影像内容的呈现和用户与环境的互动行为，这也是真实世界的核心基础：看见世界，与世界互动。在 VR 世界中，除了零碎的内容和应用，还很有可能出现一种平台型应用，它致力于利用虚拟现实技术打造一个完整的虚拟世界，满足用户与用户之间的通信社交功能，在该平台上，用户可以与其他用户一起聊天、结伴去虚拟电影院看电影、在VR游戏里一同竞技等，就像现实世界之外的“第二人生”。

一家来自美国加州的初创公司已经在做这方面的尝试，AltspaceVR 公司推出了一款 VR 社交应用，用户可以在虚拟世界里与朋友面对面聊天，一起浏览网店进行购物，一起通过大屏幕观看 YouTube 上的电影，甚至可以与同事一起参加会议，如图 5-12 所示。值得注意的是，中国社交网络巨头腾讯公司参与了对 AltspaceVR 的投资，看来移动互联网时代的社交巨头也看好虚拟现实时代的社交应用。

图 5-12 AltspaceVR 可以让用户与朋友们一同进行各种活动，无须在现实中见面

不难发现，虚拟现实技术在软件内容领域大有可为，在现有技术水平允许的范畴内，虚拟现实技术可以在绝大部分领域大放光彩。因此，虚拟现实技术的商业化前景，也就值得人们在当下去进行研究和想象了。

Virtual reality

第三篇
消费革命：开启商业化征途

当一项崭新的、革命性的技术准备面向大众，开始商业化征途时，最重要的事情不是这项技术真正适合用来做什么，而是如何教育整个市场去接受甚至喜爱这项技术。

在过去的商战历史上，不乏一些公司拥有对技术的专注和追求，并致力于将技术商业化，改变人类的生活方式。当我们翻开历史，发现这条道路并不是十分平坦的康庄大道，而是充满了曲折和陷阱。因此，在讨论虚拟现实技术的美好商业化前景之前，我们需要抛去浮躁，思考虚拟现实技术如何才能被大众接受和喜爱。

虚拟现实行业“钱”景广阔，商机无限

第6章

教育消费者

在教育消费者这件事情上，索尼和特斯拉是值得我们关注的两个商业公司，它们都专注于前沿科技的发展，并以传播新技术、商业化新技术为公司目标。然而这两家公司教育消费者的方式并不相同，面临科技新时代的来临，它们的态度和现况也不尽相同。

6.1 索尼：一切为了技术

在过去的半个世纪里，在大众消费领域最执着于推出革命性新科技的公司莫过于索尼。索尼公司在 20 世纪发布了随身听产品 Walkman，盛行全世界数十年而不衰，Walkman 这一品牌名也被收录在牛津辞典里，已经成为随身听的代名词，可见索尼在大众消费领域的影响力。

索尼对技术上的极致追求源于创始人的思想风格。索尼的创始人井深大和盛田昭夫（如图 6-1 所示）都是自幼对电器元件有浓厚兴趣，并在学生时代就开始研究和组装电器产品。盛田昭夫出身在一个富裕的家庭，在家庭的影响下成为一个极具商业天赋

图 6-1 井深大和盛田昭夫深刻影响了索尼的风格

的商业奇才，苹果公司前 CEO 乔布斯曾称盛田昭夫是他最崇拜的商人。

井深大和盛田昭夫在第二次世界大战期间同在一个军事导弹研发小组共事，当时两人的工作重心就是为战争而服务，然而两人志不在此，感觉十分压抑，生不逢时。在 1945 年日本天皇宣布投降后，井深大和盛田昭夫没有感到悲痛，反而感觉如释重负，并于第二年创办了东京通信工业株式会社，也就是索尼的前身，如图 6-2 所示。在公司成立之时，井深大在成立宣言中描述了索

图 6-2 索尼公司的前身为东京通信工业株式会社

尼公司的愿景：

“建立提倡自由豁达精神的理想工厂，使每一位技术人员都能保持一种在梦想中自由驰骋的心态，将自己的技术能量最大限度地发挥出来。”

这段话可以说是井深大写给技术人员的一封情书，它奠定了索尼公司半个多世纪以来的做事风格，在变幻的市场面前坚持以技术为导向，以追求极致的心态制作最优秀的产品。

索尼创立之初的第一款产品不是数码设备，而是电饭煲。第二次世界大战后的日本百废待兴，三菱重工率先研发出世界第一款电饭煲，如图 6-3 所示。井深大随后研发出一款可以自动断电的电饭煲，根据干湿度判断米饭生熟程度，并自动切断电源。这一理念在现在看来稀疏平常，但在当时是非常超前的概念。可惜井深大没有考虑市场的真实情况，由于该技术基于干湿度的判断对大米的质量要求非常高，而战后日本处于资源匮乏阶段，普通老百姓根本没有条件食用高质量的大米，因此这款技术和理念都十分超前的电饭煲很快遭遇失败。

图 6-3　索尼成立后的第一款产品是可以自动断电的电饭煲

后来索尼还尝试了一系列产品，都因为过于专注技术，忽略市场真实需求而失败。此时的索尼仍然保持高额的研发投入，市场销路却还没有打开，索尼公司一度陷入濒临破产的困境，直到1955 年索尼成功研制出日本第一台晶体管收音机 TR-55，一举扭转公司的困境。

索尼公司选择研制晶体管收音机是一次大冒险。图 6-4 是索尼研制出的日本第一款晶体管收音机，扭转了索尼的市场困境。1955 年收音机在日本的普及率已经高达 74%，在所有人看来都已经是一个接近饱和的红海市场，井深大和盛田昭夫却敏锐地发现收音机市场仍存在新商机。当时在日本占市场主导地位的是真空管收音机，它的体积巨大，可以像家具一样摆放在房间里，因此收音机在日本 74% 的普及率实际上是以家庭为单位进行统计的，如果索尼公司能研发出小巧玲珑的便携收音机，就能改写收音机的普及方式，以每个人为单位统计普及率。很快，索尼研制出了体积小巧、无须电源线的晶体管收音机，很快抢占了以个人为单位的需求市场，并成功出口到美国。

图 6-4　索尼研制出日本第一款晶体管收音机，扭转了索尼的市场困境

在收音机产品的判断上，索尼第一次做到了技术与消费需求的完美结合，通过打造追求极致的产品迎合了市场的需求，爆发出旺盛的消费能量，使索尼在日本市场崭露头角。然而，真正使索尼收获巨大声望的是特丽珑（Trinitron）彩色显像技术，如图 6-5 所示。这一研发周期长达 7 年的技术差点因井深大的技术偏执毁掉索尼公司，但也幸运地坚持到了最后。

图 6-5　差点让索尼陷入万劫不复境地的特丽珑彩色电视机

当时，应更名为“索尼”（Sony）的东京通信工业株式会社已经在黑白电视机领域小有成就，但在已经开始爆发增长的彩色电视机领域由于起步晚而落于下风。井深大在 1961 年接触到在当时很先进的栅控彩色显像管，它可以帮助索尼公司在彩色电视机领域的竞争中扳回一城，盛田昭夫也很快拿下了栅控彩色显像管的生产许可，但并没有立刻投入生产。井深大不肯放弃对技术的极致追求，他认为一定有比栅控彩色显像技术更优秀的彩色显像技术，并花了三年时间进行研发。到了 1964 年，索尼才研制出第一个可用的显像管样品，然而生产良品率不到千分之三，也就是生产一千个产品只有 2 ～ 3 个可用的成品，这是一个非常低的数字，在现代制造业，30% 的生产良品率都是无法接受的。

在特丽珑彩色显像管的生产良品率如此低下的情况下，合适的做法应该是先生产已经成熟的栅控彩色电视机，同时进行特丽珑彩色显像管的技术改良，等到技术成熟时再投入生产。但井深大一意孤行要立刻向市场投放技术更先进、显像效果更好的特丽珑彩色电视机，结果就是该电视机的单台生产成本超过40万日元，而定价只有 20 万日元，在销售出 13 000 台电视机后，索尼公司仍然没能提高特丽珑彩色显像管的生产良品率，持续的亏损导致索尼公司濒临破产。

在严峻形势下，索尼高层仍然决定从技术角度寻求突破。作为索尼 8 000 名员工的总经理，井深大亲自挂帅，与公司的科研人员一起进行特丽珑彩色显像管的技术研发。这一次的索尼是幸运的，在公司走向破产前成功实现了技术突破，提高了特丽珑彩色显像管的生产良品率，特丽珑彩色显示器也为索尼带来巨大的声望，成为索尼后来 30 年主要的收入来源，让索尼一跃成为电视机行业的巨擘。

索尼在过去的发展过程中，非常关注技术本身而不太注重市场真正的需求，这也是索尼的发展道路时而顺利时而曲折的原因。

索尼公司在进入 20 世纪 90 年代末后就没能快速地抓住消费市场的潮流了。在 CD 大获成功后，索尼于 90 年代继续推出 MD 碟片（Minidisc）作为音乐储存介质，它只有 CD 碟片的四分之一大小，储存空间却和 CD 碟片差不多，索尼认为 MD 是碟片的新一代进化形式，并主力推向市场。遗憾的是，当时的消费者并不想要第二个高级版的 CD 机，他们想要更酷更方便的享受音乐，而不是播放器的技术有多么先进。

此时，在美国加州的苹果总部，乔布斯注意到索尼在音乐播放器领域所遭遇的挫折，并召集设计师和工程师对音乐播放器进行研究。乔布斯发现索尼过多地关注技术本身，而没有真正研究用户对音乐播放器的需求，导致索尼推出的音乐播放器体验极差。经过研究分析后，苹果公司选择最新的 MP3 格式作为音乐储存介质，在 2001 年向市场推出 iPod 音乐播放器，并很快火遍世界，被称为“革命性的数码设备”，如图 6-6 所示。

图 6-6　乔布斯发布的 iPod 播放器没有执着于技术，而是认真关注消费者的需求

自从错过新一代数码播放器之后，索尼在个人数码设备领域的表现越来越差，错过了液晶电视、笔记本电脑、智能手机等时代性机遇，在封闭状态中独自进行对技术的极限追求，而不关心消费者的真实想法。这种做法的结果是索尼从 2008—2014 年的七年中有六年都在亏损，亏损额共计已达 1.15 万亿日元。

其实，不管是苹果公司制作的 iPod，还是三星 LG 制造的液晶电视，抑或是苹果三星主推的智能手机，索尼都不缺少相关的技术，甚至在技术上很有优势。风靡全球的 iPhone 手机被认为是智能手机的顶尖工艺品，其 1 300 多个零件有一半是日本企业生产的。iPhone 手机最引以为傲的手机摄像功能，其摄像头就是由索尼公司提供的。

同样的零配件和技术，为什么在索尼公司手里就无法打造出征服市场的手机产品？这一点值得虚拟现实从业者深刻思考，避免走上过于追求技术而忽略市场需求的错误道路。以体验为核心的大众消费领域，技术不能解决一切问题，不关心用户需求和体验的结果通常是惨痛的失败。

6.2 特斯拉：也是为了技术

在了解特斯拉汽车公司之前，我们需要先了解其创始人埃隆·马斯克（Elon Musk）。埃隆·马斯克（如图 6-7 所示）是美国媒体最热捧的传奇人物，科技界的一颗耀眼明星，许多人认为，埃隆·马斯克对世界的影响将远远超过乔布斯。谷歌 CEO 拉里·佩

图 6-7 创办了特斯拉、SpaceX 等公司的埃隆·马斯克被称为是现实版的“钢铁侠”

奇（Larry Page）甚至表示，如果自己死了，他宁愿将数十亿美元的财产捐给像埃隆·马斯克这样的资本家来改变世界，也不愿捐给慈善机构。

埃隆·马斯克为何让人们如此赞赏？这与埃隆·马斯克的个人经历与事业有关。埃隆·马斯克出生于南非，父亲是一名工程师。10岁的埃隆·马斯克就拥有了自己的第一台计算机，开始学习编程，并于12岁那年设计出一款电子游戏，卖出了500美元。后来在21岁那年，埃隆·马斯克依靠奖学金去美国就读世界著名的宾夕法尼亚大学，最终拿到了物理学和经济学的本科双学位。

本来埃隆·马斯克计划在毕业后前往斯坦福大学攻读能源物理博士，希望能发现比传统电池更高效的能量储备介质。但是在入校报到的两天后，埃隆·马斯克选择辍学，当时还是1995年，马斯克认为互联网的时代已经来临了，他无法忍受只是看着互联网时代过去而置身事外。他和弟弟金博尔（Kimbal Musk）一起创立了一家网络公司Zip2，并于1999年以3.07亿美元的价格卖给当时世界上最大的计算机公司康柏电脑（Compaq），埃隆·马斯克本人赚到2 200万美元，当时他才27岁。

拿到这笔巨大的金钱之后，埃隆·马斯克并没有开始悠闲的富贵生活，而是立刻开始下一次冒险事业，把自己四分之三的身家都投入到新公司去，致力于打造一家网络上的银行，这家公司就是后来大名鼎鼎的第三方在线支付公司PayPal，如图6-8所示。当时世界上最大的电商网站eBay花15亿美元收购PayPal，埃隆·马斯克从这笔交易中拿到1.8亿美元。

如果埃隆·马斯克的故事就到此为止，那这只是一个典型的美国梦故事罢了：一个年轻人来到美国，依靠自己的努力实现富人生活。在卖掉PayPal之后，埃隆·马斯克立刻拿出1亿美元创立一家名为 SpaceX 的火箭公司，目标是通过研发可回收火箭技术将火箭发射费用降低到原有的 1/10，并计划在未来研制世界最大的火箭用于星际移民，如图 6-9 所示。为了描述 SpaceX 的公司愿景，埃隆·马斯克曾对外界说过一句非常著名的话："我将

图 6-8　大名鼎鼎的 PayPal 即是由埃隆·马斯克一手创立的

图 6-9　埃隆·马斯克创建了 SpaceX 公司，致力于降低火箭发射成本

在火星上退休。”

在疯狂的火箭事业开启后没多久，在2004年马斯克向马丁•艾伯哈德(Martin Eberhard)创立的特斯拉汽车公司投资630万美元，并亲自担任CEO，希望通过研发电动汽车以推进地球的能源结构转型。紧接着在2006年，埃隆•马斯克出资1 000万美元与表兄弟合伙开一家名为SolarCity的新能源公司，旨在为千家万户安装一种分布式的大型太阳能板，如果这种太阳能板被大规模应用，它将加速可持续能源时代的到来。

自从埃隆•马斯克于2002年卖掉PayPal成为亿万富豪后，之后四年的所有商业动作在外人看起来简直是一个悲伤的故事，一个沉迷于妄想的年轻富豪把上亿家产挥霍在一堆不可能实现的项目上，简直是滑稽透顶。

不出意外，SpaceX和特斯拉汽车公司在短期内都没能实现盈利，2008年的经济危机更是把埃隆•马斯克打入谷底，很快马斯克已经没有现金支撑公司的运营了，他焦头烂额地忙于事业，妻子在这个时刻出了车祸却无法得到马斯克的关心，最终他们的婚姻也走到了尽头。马斯克事后接受媒体采访时说：“有一瞬间，我觉得自己一无所有。”

2008年9月，SpaceX公司账面上的现金只够发射最后一枚火箭了，而之前三次发射都惨遭失败。如果埃隆•马斯克选择放弃，他还能继续做回一个普通的富人，开着法拉利度过余生。然而，埃隆•马斯克选择卖掉别墅和跑车，让SpaceX发射很可能使其成为最后一枚火箭。幸运的是，这次火箭发射不但成功，而且结果堪称完美，以至于得到美国国家航空航天局的认可。随后美国国家航空航天局给SpaceX一份大单：为宇宙空间站的美国宇航员进行12次运输补给任务。就这样，SpaceX活了过来，如图6-10

图 6-10 美国政府对 SpaceX 的信任让公司起死回生

所示。

直至今天，世界上掌握了航天器发射回收技术的只有四家机构：除了美国国家航空航天局、俄罗斯联邦航天局、中国国家航天局，还有埃隆·马斯克的 SpaceX。

至于特斯拉汽车公司，其所推出的第一款电动跑车 Tesla Roadster 反响平平，媒体界和汽车行业都不好看这款电动汽车，紧接着又赶上 2008 年的经济危机，特斯拉汽车公司很快花光了所有的钱。幸运的是，戴姆勒汽车公司在 2008 年向特斯拉汽车公司投入了至关重要的 5 000 万美元，让特斯拉避免了破产结局。

2010 年特斯拉汽车公司在美国纳斯达克证券交易所上市，这是美国自 1956 年福特汽车 IPO 以后首家上市的美国汽车公司。上市当天，特斯拉汽车公司的股价便暴涨 41%，随后股价一路上涨，市值最高达到 300 多亿美元。

其实，从埃隆·马斯克卖掉 PayPal 之后的一系列投资和创业行为可以看出，马斯克根本不是一个为钱而生活的人，他极有情怀，认为互联网、新能源和探索宇宙是拯救人类未来的希望。于是他创办 Zip2 和 PayPal，利用互联网技术提高社会运行效率；创办太阳能公司 SolarCity 和特斯拉汽车公司，致力于加快能源结构转型；创立 SpaceX 研究火箭技术，降低人类探索宇宙的成本。令人印象深刻的一件事是：埃隆·马斯克于 2014 年宣布开放特斯拉汽车公司的所有专利，鼓励所有汽车厂商参与制造电动汽车，一起推进新能源时代的到来。

也就是说，作为中途辍学的斯坦福大学物理学博士，埃隆·马斯克对于技术的热情并不亚于索尼创始人井深大和盛田昭夫。埃隆·马斯克将上亿身家全部押注在新能源和可回收火箭技术上，在最窘迫的时候连汽车和房子都卖掉用来支持公司运营。在熬过技术攻关的早期阶段后，SpaceX 和特斯拉汽车公司都成功地活了下来，并成为举足轻重的行业先驱。

其实电动汽车的诞生比我们熟知的内燃机汽车还要早半个世纪，早在 1834 年就出现了世界上第一台电动汽车。在 19 世纪末 20 世纪初，由于电动汽车的工作原理和传动系统都较为简单，电动机也更安静，没有发动机的震动和难闻的汽油味，电动汽车成为当时机动交通工具的一个重要发展方向。在 1899 年 4 月 29 日，一家来自比利时的汽车公司生产出一辆名为 La Jamais Contente 的电动汽车，它以 105.88 公里 / 小时的速度刷新了由内燃机汽车所保持的速度记录，这是汽车速度有史以来第一次突破 100 公里 / 小时的大关，如图 6-11 所示。

可惜，电动汽车的黄金时代没有持续太久。到了 20 世纪 20 年代，内燃机技术的发展已经进入新阶段，车主只需要给内燃机

图 6-11 1899 年首次突破时速 100 公里的电动汽车 La Jamais Contente

汽车加一次油就能行驶 3 倍于电动汽车的路程，而且速度更快，成本更低。与此同时，电动汽车在电池技术上迟迟没有突破，电动汽车的发展进入“瓶颈”时期，随着内燃机汽车的成熟发展，市场最终淘汰了电动汽车。

1973 年爆发的中东石油危机令全世界陷入缺少石油的困境中，原油价格从不到 3 美元暴涨至超过 13 美元。在这种背景下，人们又开始关注不依赖汽油的电动汽车，日本和美国的一些汽车厂家也乘机推出一系列的电动汽车，如克莱斯勒公司推出的 TEVan、丰田公司推出的 RAV 4 EV 等，其中名气最大的是美国通用汽车公司于 1996 年生产的 EV1 电动汽车，如图 6-12 所示。

然而，这些电动汽车都是昙花一现。电池技术仍然没有革命性的突破，单次续航里程只有 100 多公里，给汽车完整充电一次需要一整天甚至更久的时间。相比之下，消耗汽油的内燃机汽车单次续航里程通常超过 600 公里，油箱耗干后只要在加油站进行

图 6-12 美国通用汽车公司于 1996 年推出的电动轿车 EV1

短短几分钟的加油过程就能再次行驶 600 公里。在对比之下，消费者不难做出选择，电动汽车再一次被市场淘汰。

说到这里就要提到本章节的主人公——特斯拉汽车公司。特斯拉汽车公司引以为傲的 Model S 电动汽车，在电池技术上也没有任何重大突破，如图 6-13 所示。实际上，Model S 所使用的电

图 6-13 特斯拉汽车公司引以为傲的 Model S 在技术上没有任何重大突破

池就是松下生产的18650钴酸锂电池，这是一款非常成熟，广泛应用于手机和笔记本电脑上的锂电池。Model S在续航能力上仍然不及内燃机汽车，而且充电时间长达46小时，即使车主自己掏腰包改造车库的电路，充电时间也只能减少至8小时19分钟，相比内燃机车主在加油站短短几分钟的加油时间还是太漫长了。

传统汽车巨头公司已经用沉痛的失败结果来宣告电动汽车的死亡，只有电池技术有了革命性突破，电动汽车才有可能真正流行。特斯拉汽车公司的神奇之处在于，他做到了世界上所有的汽车公司都无法做到的事情，将电动汽车推向市场，获得媒体界和汽车界的无数赞誉，在世界范围内受到狂热追捧。可以说，特斯拉汽车公司独自扭转了全世界对电动汽车的印象。

在特斯拉汽车公司发布Model S之前，市面上的主流电动汽车是这样子的，如图6-14所示。

特斯拉公司于2012年推出的Model S如图6-15所示。

图6-14 丰田汽车公司卖的最好的电动车：丰田普锐斯（Toyota Prius）

图 6-15　以高端跑车形象出现在大众面前的 Model S

Model S 的出现扭转了大众对电动汽车廉价、笨重的印象，它向外界传达出一个清晰无比的信号：电动汽车也可以是高端奢华、时尚靓丽的。当 Model S 以高端时尚的形象出现在大众面前时，首先外观上在第一瞬间抓住了人们的吸引力，促使人们继续了解 Model S 这款车。

埃隆·马斯克在外界面前很少谈论 Model S 的环保性，更多时候谈论的是 Model S 强劲的加速性能。特斯拉汽车公司在 2015 年发布的 Model S 最新旗舰款 P90D 百公里加速时间只要 2.9 秒，这一加速能力和法拉利的 LaFerrari、迈凯伦的 P1 以及保时捷的 918 Spyder 不相上下。这三款车在国内的售价都在 1 000 万元甚至 2 000 万元以上，而特斯拉 Model S 在国内的定价还不到 100 万元。

高端时尚的外形、世界顶级的性能，让特斯拉 Model S 一瞬间成为媒体界和汽车迷的焦点，收获了专业人士和铁杆粉丝的良好口碑。至于 Model S 不足五百公里的续航里程和漫长的充电时间已经被大众抛在脑后，大众所讨论的是 Model S 的跑车外形、强劲性能以及合理价格，对于大众而言，Model S 本身是不是电动汽车反而不那么重要了。此时，大众已经忘记传统电动汽车廉价、笨重的形象，爱上了 Model S 为代表的新型电动汽车。

说到这里，想必你能明白埃隆·马斯克在推广电动汽车所花费的良苦用心。马斯克准确抓住了大众的心理特点，扬长避短地研发出大众喜爱的电动汽车，并通过一系列成功的营销公关行为扭转了大众对电动车的负面印象，让媒体与大众狂热地追捧 Model S 电动汽车。

如果你认为这些就是埃隆·马斯克在推广电动汽车上所使用的所有手段，你显然低估了埃隆·马斯克的精明程度。如果不告诉人们 Model S 是一辆电动汽车，谁也无法从外观上一眼看出 Model S 的真实身份，因为它看起来和使用内燃机的高端跑车没有任何区别。然而，电动汽车一定要设计成传统汽车的模样吗？

当下所有内燃机汽车的外形都是大同小异的结构：前面是一段长长的车头，中间是供人乘坐的驾驶舱，尾部是有一定长度的行李厢。内燃机汽车之所以是今天看到的这副模样，是因为内燃机汽车必须要有驾驶舱以外的空间来放置巨大的发动机和复杂的传动系统，为了减少发动机的震动对乘客的影响，发动机还要远离驾驶舱。这样一来，汽车就变成我们现在看到的狭长形状，实际乘坐空间并不大，如图 6-16 所示。动辄四五米的车身长度不仅不能让四位乘客轻松自在地坐着，而且还给车主的驾驶和停放都带来了巨大麻烦。

比起内燃机汽车的复杂结构，电动汽车的机构要简单得多。以特斯拉的 Model S 为例，它的电动机只有西瓜大小，传动系统也十分简单，电池也只有一块厚钢板的体积，如图 6-17 所示。按照电动汽车的机构特点，电动汽车完全没必要保留笨重的车头和

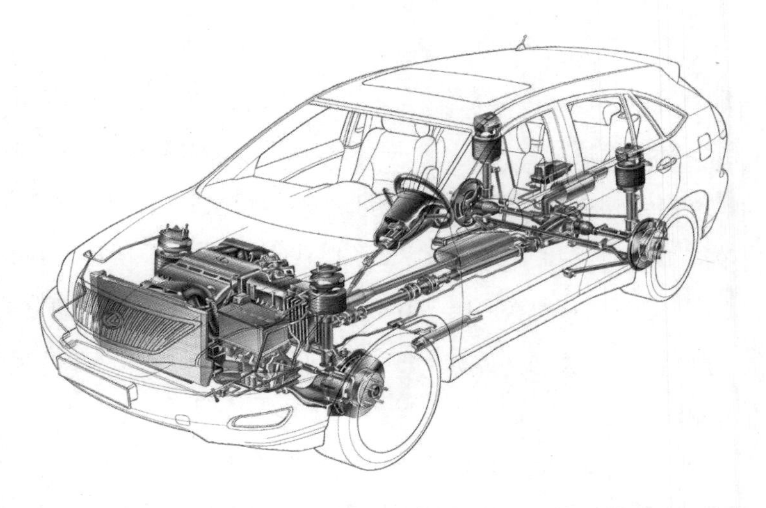

图 6-16　内燃机汽车为了安置巨大的发动机，车身只能拉长，实际乘坐空间并不大

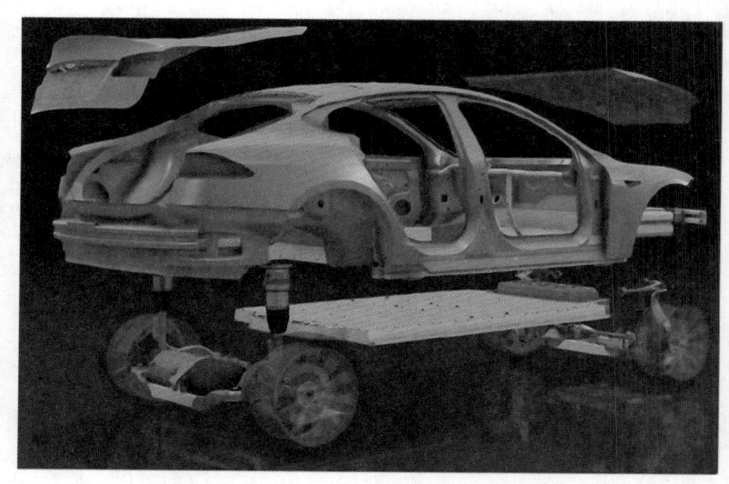

图 6-17　特斯拉 Model S 的车身机构极其简单，主要是西瓜大小的发动机和一堆电池

车尾，整个电动汽车的绝大部分体积都可以被利用起来，做成驾驶舱。

梅赛德斯—奔驰在美国拉斯维加斯举行的 2015 年国际消费电子展（International Consumer Electronics Show，CES）上发布了全新的 F015 电动概念汽车，它采用氢动力燃料电池作为能量来源，配合两台电动机来驱动汽车。F015 的外形是奔驰从技术角度研发的电动汽车真正应该有的外形，由于没有巨大的发动机和复杂的传动系统，F015 的外形设计没有太多限制，因此被设计成符合流体动力学的子弹头形状，它所受到的空气阻力远小于传统内燃机汽车，如图 6-18 所示。

同时，奔驰还给 F015 设计了一个像起居室一样夸张的超大驾驶舱，这是同级别长度的奔驰 S 级豪华轿车也没法与之相比的宽敞空间，如图 6-19 所示。这是得益于电动机的超小体积，使电动汽车不必留出长度一米左右的发动机舱。

图 6-18 F015 拥有风阻系数极低的子弹头外形

图 6-19 没有内燃机汽车上的巨大发动机，F015 的驾驶舱惊人的宽敞

埃隆·马斯克作为一家汽车公司的 CEO 和一位技术狂，他比世界上任何一个人都清楚电动汽车真正的理想形态是什么模样。然而，特斯拉汽车公司从第一款汽车开始就选择把电动汽车打造成传统汽车的模样，不但如此，埃隆·马斯克还将电动汽车的外形打造的比大部分传统汽车还要高端奢华、动感时尚。

我们可以想象一下：同样是电动汽车，在不考虑价格因素的情况下，大众消费者在高端时尚的特斯拉 Model S 和极富科幻感的奔驰 F015 之间会选择谁？当然是看起来像高端跑车的 Model S，虽然谁都知道 F015 的空间更大，外形更符合流体动力学。

埃隆·马斯克认为电动汽车在现阶段还是新鲜事物，电动汽车最好还是以传统汽车的形象出现，符合人们对汽车的传统认识，这样才能抵消人们对新鲜事物的抵触心理，最终在不知不觉间习惯甚至爱上电动汽车。

也就是说，埃隆·马斯克敏锐地发现了当前大众消费者的真实需求：买一辆高端时尚、性能强劲的汽车。一辆标榜清洁环保的电动汽车并不是大众想要的汽车，更何况电动汽车的续航里程和充电时长都还十分糟糕，埃隆·马斯克通过模糊电动汽车与传统汽车的边界，让消费者以购买传统汽车的心态去购买特斯拉电动汽车，让消费者在不知不觉中接受了电动汽车，促进了能源结构转型。

在 Model S 系列大获成功之后，特斯拉汽车公司于 2016 年开始发售的新款 SUV 电动汽车 Model X，它仍然选择了传统 SUV 汽车的外形，仍是以高端奢华的形象出现在大众面前，如图 6-20 所示。让那些本来就考虑购买高端 SUV 的潜在消费者转过头来购买更酷更环保的特斯拉 Model X。

图6-20 特斯拉的新款SUV电动汽车Model X看起来比传统SUV汽车还要时尚奢华

在教育消费者接受电动汽车这件事上，无数汽车巨头公司都惨遭失败，而既缺少资金也缺少革命性技术突破的特斯拉汽车公司却让全世界的消费者热情追捧电动汽车。就像电动汽车是汽车的下一个进化方向，虚拟现实技术作为计算机的下一个进化方向，它的普及是不可阻挡的趋势。然而，虚拟现实技术在现阶段是比电动汽车还要新颖的新鲜事物，虚拟现实设备和应用如何以符合大众传统认知的形象出现，抓住大众已有的消费需求和消费心理，最终实现虚拟现实技术的遍地开花，这是每一个虚拟现实从业者需要考虑的核心问题。

第7章

虚拟现实：如何被市场快速接受

毫无疑问，虚拟现实在硬件和软件上的理想形态已经在前文中详细描述。然而，在大众消费领域，新鲜事物的出现不会立刻被消费者所接受，这需要漫长的时间来让大众熟悉和了解该新鲜事物。然而，市场不会等待消费者慢慢接受虚拟现实，而是从各方面推广虚拟现实，让大众掏出钱包为虚拟现实产品埋单。

就像特斯拉汽车公司的电动汽车一样，最好的推广是产品本身。值得一提的是，特斯拉是一家号称“广告预算为0”的汽车企业，不在媒体宣传上花一分钱，在特斯拉汽车公司看来，既符合大众胃口又具有颠覆性的产品，本身就是最好的广告。同样地，虚拟现实技术本身具有极强的“吸睛”效果，虚拟现实从业者只需要往正确的方向打造虚拟现实产品即可。

7.1 硬件装备

在大众消费领域，“颜值”和使用方式是一款新产品核心竞争力的一部分。与小众消费品不同，大众消费品要面对的消费者是所有人，对大众消费领域而言，“最好的设计”不是指技术上的完美解决方案，而是指符合大众消费心理的完美解决方案。

在大众消费领域，目前最受欢迎的数码消费品无疑是智能手机，根据市场调研公司 Gartner 发布的报告，2014 年全球智能手机的销量已经超过 12 亿，如果算上非智能型手机，2014 年的手机总销量更是逼近 20 亿。中国普通消费者更换手机的频率越来越快，手机作为一款现象级的大众消费品，是极为成功的。

如果回顾手机的发展历史，会非常清晰地发现手机也是由小众走向大众，在智能手机时代迎来大爆发。在手机从小众走向大众的同时，手机的外观设计和使用方式也在悄然发生变化。

前摩托罗拉副总裁马丁·库伯（Martin Cooper）于 1973 年研制出世界第一款手机的原型 DynaTAC 8000X，并用它打出了世界上第一通来自手机的电话，如图 7-1 所示。然而，这款直到 11 年后才开始正式发售，价格为惊人的 3 995 美元，相当于现在的 9 500 美元，在美国可以购买一辆很不错的二手汽车了。除了价格因素以外，阻碍大众消费者接受这款手机的原因主要是巨大到夸张的笨重外形，这种“大哥大”很快就被市场淘汰。

图 7-1　手机之父马丁·库伯发明了世界首款手机 DynaTAC 8000X，外形十分笨重

曾经连续 17 年销量世界第一的手机王者诺基亚公司在 1987 年推出了第一款第一部手机 Mobira Talkman，它在通话时间上有显著提高，能支持数个小时的通话。但遗憾的是，Mobira Talkman 的体积比摩托罗拉的“大哥大”DynaTAC 8000X 还要大得多，在现在看来完全是一个笑话，如图 7-2 所示。所以，Mobira Talkman 并没有为当时濒临破产的诺基亚公司带来转机。

革命性的突破出现在 1992 年，诺基亚公司发布了世界上第一款便携式移动数字电话 Nokia 1011，如图 7-3 所示，Nokia 1011 与摩托罗拉的 DynaTAC 8000X 和诺基亚此前推出的 Mobira

图 7-2　诺基亚公司发布的第一款手机 Mobira Talkman，拥有夸张的巨大体积

图 7-3　诺基亚公司于 1992 年推出的 Nokia 1011，具有革命性的便携和小巧的特点

Talkman 相比，它在体积上可以算得上是小巧玲珑，把手机塞进口袋成为可能，用户在使用 Nokia 1011 打电话时也不再引人注目。Nokia 1011 的出现确立了手机的发展方向，也奠定了诺基亚公司在手机行业的地位。

在之后的十几年时光里，诺基亚公司牢牢占据手机行业王者的地位，发布的手机越来越小巧玲珑，全世界的消费者都开始接受只有巴掌大的手机，使用手机进行通话和收发短信已经成为人们生活的一部分。在苹果公司把诺基亚从手机王者的宝座上踢走之前，诺基亚所发布的手机一直致力于满足人群的个性化需求，不停地发布不同颜色和外形的手机，如图 7-4 所示，以至于不少手机用户吐槽诺基亚，将诺基亚公司喊出的口号“科技以人为本”戏称为“科技以换壳为本”。

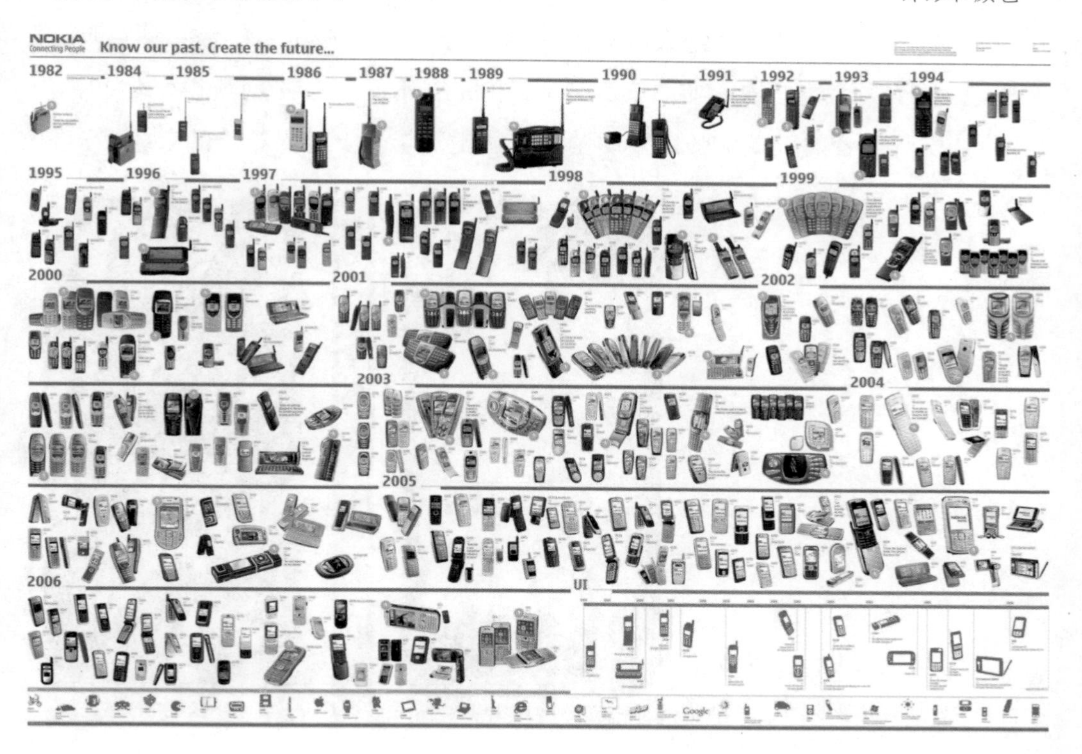

图 7-4　诺基亚公司持续不断地推出丰富的外形和颜色

后来，从未涉足手机领域的苹果公司于2007年发布了第一款智能手机iPhone，随后在不到四年的时间里取代诺基亚成为世界第一大手机公司。诺基亚公司则一路衰退，曾经不可一世的手机霸主最终于2013年宣布将手机业务全线出售给微软公司。

iPhone击败诺基亚的原因是全方面的，从软硬件实力到供应链整合能力再到媒体公关部分都远远强于保守过时的诺基亚公司。而iPhone之所以成为大众消费领域的颠覆性产品，用户所感知到的并不是供应链整合能力或软硬件技术参数的强大，用户首先感受到的是iPhone绝佳的时尚外形，以及从人出发、十分自然的操作方式。

iPhone 4的惊艳外形征服了无数消费者，在手机更新换代的周期只有几个月的今天，2010年发布的iPhone 4已经不显过时，甚至说当今绝大部分的智能手机都是以iPhone 4为参考标准来设计外形的，如图7-5所示。iPhone 4诞生后立刻获得媒体和消费者的双重赞誉，帮助苹果公司于次年登上世界第一的宝座。

图7-5 iPhone 4的发布惊艳了全世界的媒体与消费者

苹果公司推出的iPhone 4是面向大众消费领域的，能如此成功地快速征服全世界各个国家、各个年龄段、各种社会身份的消费者，在数码产品领域是前所未有的。当我们沉静下来去研究iPhone 4时，会出乎意料地发现iPhone 4的硬件外观并没有使用任何花哨、超前的革命性设计，而是使用了最保守传统的圆角矩形，搭配以提升质感的金属和玻璃，并在每一个细节花大力气提升产品格调。经过这样的设计，iPhone 4不仅可以出现在年轻人的手里，也可以出现在中老年人手中；iPhone 4不仅可以出现在商务场所，也可以出现在酒吧里。不管在哪儿出现，在谁手里，iPhone 4的外形永远不会让人觉得突兀。

用一句话形容iPhone 4的设计风格就是“不犯错”，因为iPhone 4的外观既不会得罪任何一个群体，也不会与任何一个场所产生矛盾。当然，iPhone 4也不会特别适合于某一类群体或场所，它永远以一种贴近生活的“中庸”形态出现，而这才是大众消费领域的产品应该有的形态。

如果对比同时期发布的安卓旗舰手机，你就会明白iPhone 4的设计风格是多么的精明。当时的安卓阵营顶级厂商HTC发布了万众瞩目的HTC Desire HD旗舰级，如图7-6所示，被誉为2010年的年度机皇。HTC Desire HD的外形风格是走向一个极端，具有非常强的科技感，也符合其安卓机皇的身份。然而HTC Desire HD的问题是，过于浓郁的科技风格并不是大众消费者想要的产品，似乎只有追逐新潮数码产品的极客才能使用HTC Desire HD，不管是中年职场人士，还是想要追赶时代的老年人，又或者是走在时尚潮流前面的年轻男女，他们使用HTC Desire HD都会显得很奇怪，甚至有些滑稽。

实际上，整个安卓阵营的厂商在早期所生产的手机都是类似

图 7-6　HTC 于 2010 年发布了旗舰机型 HTC Desire HD，机身外形有很强的科技范

的风格，尽可能地制造外观新潮、富有科技感的智能手机。结果是安卓阵营的手机外形风格没过几年就集体转向以 iPhone 4 为代表的“不犯错”风格。三星公司还因其旗舰手机 Galaxy S 的外形过于接近 iPhone 而被苹果公司告上法庭，最终美国法官判处三星向苹果支付 9.3 亿美元的罚金。其设计风格如图 7-7 所示。

图 7-7　三星旗舰机型 Galaxy 系列有着与 iPhone 十分接近的设计风格

当然，这恰恰反映了三星采用“不犯错”风格后所获得的巨大成功，三星通过 Galaxy S 在智能手机时代抢占一席之地，并且坚持走“中庸”的软硬件设计风格，很快成为世界销量第一的手机公司。

通过手机的外形演变历史，如图 7-8 所示，可以发现一类新鲜事物想要在大众消费领域被广泛接受，它所面临的挑战是极其复杂的。大众消费者并不容易被说服尝试新鲜事物，厂商在设计大众消费领域的产品时，在功能上可以尽可能创新，但在硬件外观和使用方式上并不需要太多创新，而是要尽可能地接近用户的习惯和对事物的传统认知。就像前文中提到的特斯拉电动汽车，埃隆·马斯克在推广新能源技术上极其卖力，但在汽车外形的设计上又十分保守，把电动汽车做成传统豪华跑车的模样，目的就是克服大众对新鲜事物的抵触心理。

图 7-8　手机的外形演变历史

在交互方式上 iPhone 也给所有的手机厂商上了一课。在 iPhone 火爆之前的诺基亚时代，市面上流行的主流手机是充满着各种按键的键盘手机，用户通过点按键盘上的按键来操作手机。对于年轻人来说，复杂的键盘按钮难不倒他们，但很多年龄稍长的消费者一直无法熟练地使用手机，手机上的按键太多太复杂，难以学习和理解，如图 7-9 所示。大部分年龄稍长的消费者轻易不更换手机，原因之一即是高昂的操作学习成本，换一部手机意味着从头开始学习手机上的按键和相应的功能。

图 7-9　传统手机的复杂按键困扰了许多中老年用户

到了苹果公司发布 iPhone 的时候，一切规则都变了。乔布斯抛弃了 99% 的按键，只留下机身侧面的电源键、音量键、静音键以及正面唯一的按键——Home 键。电源键、音量键和静音键是任何人都能明白的按键，乔布斯在此基础之上只添加了一个用于关闭程序的 Home 键，其余的操作一律通过对屏幕的触摸进行。

乔布斯认为，触摸是所有人类的本能，人类不需要经过任何训练也能根据图像引导进行触摸操作。基于这个逻辑，乔布斯决定让 iPhone 手机屏幕上所显示的图像来引导用户去点击屏幕，并实现相应的功能。用户不需要记住任何按钮或操作顺序，因此下次他可以继续通过图像引导来操作手机。以 iPhone 手机上苹果官方发布的电子书应用 iBooks 为例，用户点开应用第一眼看到的即是一个生动逼真的木质书架，一本本精美的书籍摆放在书架上，用户发自本能的点击屏幕上他想要阅读的书籍，果真就打开了这本书；看到了如同实体书一样的纸张，用户发自本能的滑动书页，书籍也就真的被翻到下一页，如图 7-10 所示。

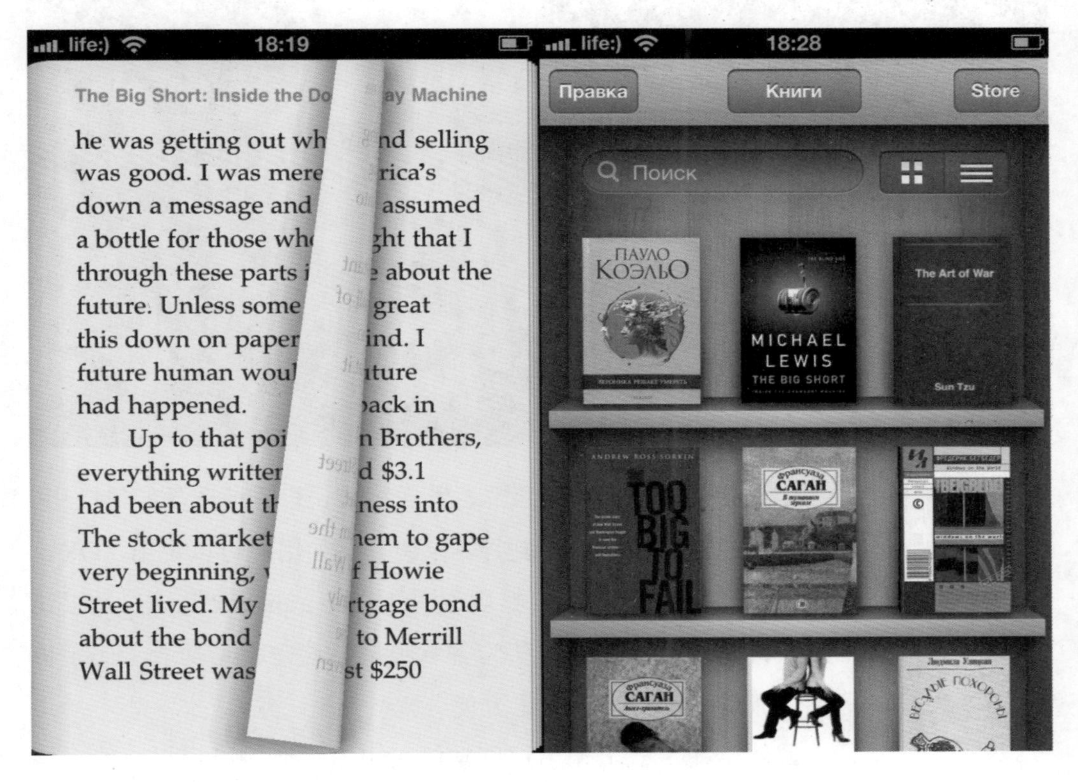

图 7-10 iBooks 应用反映出苹果的设计理念：用图像引导用户进行发自本能的触摸操作

在硬件外观和交互方式上的反例是著名的谷歌眼镜（Google Glass）。谷歌于 2012 年 4 月发布了这一具有革命性技术突破的增强现实（Augmented Reality，AR）产品，引爆了科技界对谷歌眼镜和 AR 技术的热情。然而，在 2015 年 1 月，谷歌停止销售谷歌眼镜，并撤销了谷歌眼镜的软件开发小组，谷歌眼镜从大众视野中彻底消失。

谷歌眼镜是一款配备了计算机功能的智能眼镜，镜片上配有一个微型显示器，可以将图像内容投射到用户右眼上方的小屏幕上，如图 7-11 所示，它能实现智能手机的部分功能。

图 7-11 曾被寄予厚望的谷歌眼镜最终“出师未捷身先死”

比如视频通话、拍摄照片、发送短信、查看地图导航等应用，用户可以通过语音对话控制谷歌眼镜。比如用户可以说出“OK，Glass”来激活谷歌眼镜，然后说出“Take a picture”让谷歌眼镜拍摄照片。一些业内人士认为谷歌眼镜在这些常见功能上比手机更贴近人的使用习惯，也更方便。

诚然，在手机上调用这些功能，用户需要掏出手机、然后解锁屏幕、找到相应的应用、在键盘上输入一堆文字，这才算结束。有了谷歌眼镜，用户只要通过语音对话就能在谷歌眼镜上实现收发短信、查找地图等功能，无疑是方便了许多。以摄像为例，用户再也不会因为跑步或正在驾驶汽车而错失一些珍贵的瞬间，随时随地都可以通过一声“OK，Glass”使用谷歌眼镜记录眼前的画面。

然而，大众消费者并不领情，他们宁愿选择掏出手机笨拙地完成所有操作，也不愿意使用更贴心方便的谷歌眼镜。在美国，一些公众场所直接驱赶任何佩戴谷歌眼镜的消费者，许多酒吧、餐厅、咖啡馆以及电影院都对谷歌眼镜说不。可见大众对谷歌眼镜的讨厌程度之深，图 7-12 为谷歌眼睛当时的宣传广告图。

图 7-12　谷歌眼镜的用户并没有广告图上的模特那么开心，他们处处不受欢迎

谷歌眼镜究竟做错了什么？从技术角度来看，谷歌眼镜带来了革命性的技术突破，解放了人类的双手，让计算机以更方便的形式出现在用户眼前，谷歌眼镜没有犯任何技术方面的错误，它给用户带来了技术上接近完美的解决方案；但是从大众消费心理的角度来看，谷歌眼镜几乎没有一项是正确的，它触犯了大众消费心理的大部分禁忌。

首先是谷歌眼镜的硬件外观。科技界的极客们看到谷歌眼镜时整个人都是兴奋的，他们觉得谷歌眼镜很酷，是真正的未来。然而大众在看到谷歌眼镜时的第一反应是：这是什么东西？它看起来像是眼镜，但又不是眼镜，看起来更像是医生在手术时使用的专业医学器材，或者是科幻电影中空间站里的人类才会使用的高科技眼镜。

实际上，谷歌眼镜的设计非常酷，也极富科幻感，大部分人很乐意赞美谷歌眼镜，但真要是让他们买一部谷歌眼镜并在大街上戴着它，没几个人会同意这么做。要知道在大众消费领域，消费者从来不为“酷”和“科幻感”埋单，他们只接受熟悉的事物，不愿因为使用产品而受到周围人异样的目光。

在使用方式上，谷歌眼镜可谓是高调到极点。用户想要在公众场合使用谷歌眼镜，必须大声“自言自语”才能做到，这种行为就像是在餐厅大声讨论自己的奢侈品皮包是花了多少钱买的一样，简直是生怕旁人不知道自己在使用谷歌眼镜。如果你是一个狂热的数码极客，也许你会享受这种状态，但我们研究的对象是大众消费者，他们可不会认为如此高调地使用谷歌眼镜是一件好事。

可见，从大众消费心理的角度来看，谷歌眼镜简直是失败到极点的商业产品，大众消费者很难对谷歌眼镜产生掏出钱包消费的欲望。我们不难理解大众为何会选择使用手机而不是谷歌眼镜，虽然手机的操作比谷歌眼镜麻烦的多，但手机至少看起来一点也不奇怪，使用起来也不奇怪。

这也是笔者不看好 AR（增强现实技术）眼镜的原因。以智能眼镜为例，它必须看起来与普通眼镜无异，才能在外观上被大众接受，但是这对硬件微型化的技术要求非常高。在信息输入方式上也需要放弃突兀的语音控制或手势识别，只能用看起来非常自然的方式——比如触摸，这一方式的受欢迎程度已经在手机上得到印证了。

微软公司与2015年公布并演示了旗下最新的AR设备Hololens，这款AR眼镜有着夸张的体积和炫目的外形，用户可以通过Hololens眼镜在现实世界中看见虚拟的全息投影，通过手势来操作投影内容，如图7-13所示。在Hololens眼镜发布之后，它不出意外地收获了科技界的溢美之词，极客们畅谈Hololens眼镜对人类生活与工作方式的影响，探讨这款AR眼镜将如何提高人类的生产力水平。

图7-13 Hololens被视为最重要的AR产品之一

在笔者看来，Hololens眼镜在进攻大众消费领域的进展不会一帆风顺。AR增强现实技术顾名思义，就是让用户在现实生活中使用虚拟的产品，它可以显示一些逼真的立体图形，更好地服务于现实生活。然而问题是Hololens眼镜有着比谷歌眼镜还夸张的外形和体积，笔者想象不到会有多少消费者会愿意戴着Hololens眼镜去公司上班或逛街消费。

Hololens眼镜的交互方式比谷歌眼镜还要更夸张，它配备了多个传感器，可以捕捉用户的手势动作，用户需要对着空气做出特定的手势动作来操作这款AR眼镜。想象一下，在一家咖啡厅里，一个人戴着Hololens眼镜坐在你对面，全程举着双手对着空气挥舞，你会不会觉得这种行为看起来很傻？如图7-14所示。

图7-14 Hololens眼镜采用的手势识别操作方式可能会让用户看起来很傻

因此，当微软公司向大众消费市场推出Hololens眼镜时，大众消费者对新鲜事物的抵触心理会阻碍这款AR眼镜的商业化进程。在大众消费领域，Hololens眼镜还有很长的路要走，当前的产品形态恐怕还不能让大众消费者满意。考虑到这款AR眼镜在3D建模和模型展示上的优势，Hololens眼镜可能会在一些专业领域找到广阔的市场。

比起AR设备，VR眼镜要幸运得多。VR技术的核心是让用户有沉浸式的感官体验，这意味着用户需要戴上覆盖双眼的VR眼镜，切断与现实世界的联系，沉浸在虚拟世界里。因此，用户根本不会考虑在公众场所使用VR眼镜，它的使用场所只会是卧室、客厅等私密场所。也就是说，消费者既不会过多考虑VR眼镜的硬件外形和使用方式是否“奇怪”，也不会对VR眼镜产生太严重的抵触心理，消费者更关心的是VR设备的功能和实际体验。

因此，VR眼镜的硬件外观只要做到用户独自使用时可以接受即可，在此基础上，尽可能地让VR眼镜的外形贴近生活，具有日常用品的气息。通过VR眼镜的硬件外形传递给消费者一个心理暗示：购买VR眼镜就像是购买一套音响或一部iPad一样稀疏平常，是生活中非常常见的数码消费品。

HTC公司推出的VR设备HTC Vive（如图7-15所示）收获了一些业界人士在技术方面的赞誉，但HTC Vive在外观上还是太冰冷严肃了，看起来像是一款应用于科研领域的专业设备，似乎和大众消费者没什么关系，难以让消费者产生消费欲望。

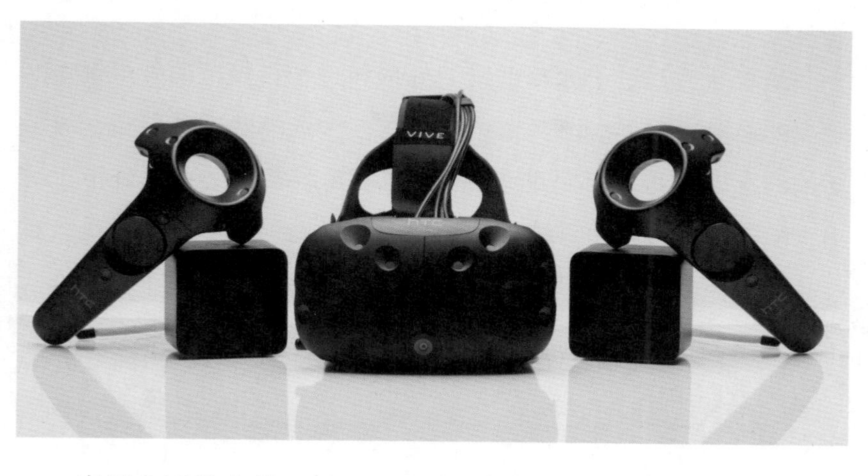

图7-15 HTC Vive的外形过于冰冷严肃，看起来像是科研专用设备

索尼公司推出的PlayStation VR在“颜值”上比HTC Vive要高得多，能激起一部分消费者的消费欲望，如图7-16所示。但问题是，PlayStation VR的外形过于科幻，给人感觉像是好莱坞科幻片《机械战警》里的未来战警，似乎只有特别酷的模特和演员才适合这款VR眼镜，大众消费者可能会认为这款VR眼镜与自

图 7-16 索尼推出的 PlayStation VR“颜值”很高，科幻感十足

己有些距离。

笔者认为，过于冰冷严肃的外形和过于科技范的外形都不利于 VR 眼镜进攻大众消费市场，所有在大众消费领域取得巨大成功的产品，其形态都是贴近生活的。VR 眼镜没必要在外形上突出 VR 技术所具有的科技感，让技术更好地为生活服务才是一款产品能够征服大众消费市场所具备的产品理念。

7.2 软件内容

谈到 VR 技术在软件方面的应用，许多虚拟现实从业者都会兴奋起来，热烈讨论着 VR 技术在几乎每一个领域都能创造巨大的商业价值。毕竟，VR 技术所创造的是一个全新的虚拟世界，它比现实世界更自由、更灵活，结合互联网技术可以让用户在 VR 世界里享受教育、游戏、影视、旅行等服务，甚至还能让一些用户通过 VR 技术在家上班。

然而，在虚拟现实行业的初期发展阶段，理想是美好的，现实可能会很残酷。市场和消费者是在动态变化的，虚拟现实技术也在不停地更新迭代，虚拟现实从业者在当下所应该关心的不是虚拟现实技术能做哪些事，而是如何在当前的技术水平下，根据大众消费者的心理情况，快速教育用户接受虚拟现实产品，甚至是主动追逐虚拟现实产品。还记得埃隆·马斯克是如何让全世界追捧电动汽车的吗？即使特斯拉的电动汽车并没有任何重大的技术突破和革命性的体验提升。

当前虚拟现实技术在商业化上面临的情况与早期的特斯拉电动汽车十分相似：大众消费者对 VR 技术基本没有概念，对 VR 技术能做的事情还不太了解，媒体界对虚拟现实的报道只是更多地关注硬件本身，报道的内容通常是一堆让大众消费者一头雾水的技术名词和数据。因此，我们需要再次简单回顾一下电动汽车的商业化过程，从中发现解决问题的规律。

还记得奔驰推出的电动概念车 F015 吗？奔驰的设计师通过 F015 完美精确地指出了电动汽车真正应有的形态，如图 7-17 所示。然而问题是，现有内燃机汽车的外形是过去上百年来的演变结果，所有人都已经习惯了传统汽车的外形，所有人也都有购买传统汽车的需求。如果电动汽车坚持以 F015 的形态面向大众消费市场，大众必须要做出选择：我是要传统汽车还是电动汽车。在大众还不太了解电动汽车的阶段，大众消费者不太可能会选择陌生的电动汽车。

特斯拉电动汽车的成功之处在于，它模糊了电动汽车与传统汽车的边界，特斯拉汽车公司的设计师们按照传统汽车的特点去打造一款电动汽车，并且连电动汽车的亮点和噱头都是按照传统

图 7-17 F015 指出了电动汽车应有的理想形态，但消费者在当前并不会为之埋单

汽车去设计的——高端时尚的跑车外形和恐怖的加速性能。大众消费者在面对特斯拉电动汽车时，所感知到的其实是一款使用了新技术的传统汽车，消费者在选择时并不会太过于纠结电动汽车本身，更多的是关心价格、汽车外形和加速性能等。

就像在智能手机刚兴起的时代，很多业内人士就已经指出智能手机的终极形态是人与人、人与物、人与信息的连接器，智能手机所带来的移动互联网世界是无所不包的。然而，大众消费者并不会看到那么远，他们最开始看到智能手机时所想到的是一款便携的掌上游戏机、一台轻薄的摄像机、一部可以免费通话的对讲机等，如图 7-18 所示。当大众消费者因为游戏、摄像等需求购买了智能手机后，在漫长的日常使用中才渐渐明白智能手机的巨大影响力：它催生了颠覆传统媒体的新媒体行业，诞生了挑战传统金融业的互联网金融，出现了影响社会舆论与风向的微博……

图 7-18 智能手机打开的是一个崭新时代，然而消费者起初购买智能手机的原因大多是游戏、摄影等功能

虚拟现实行业现在面临的问题与早期的智能手机和电动汽车所面临的问题是一样的。作为新鲜事物，不要指望大众消费者能深入了解虚拟现实技术，虚拟现实从业者需要以“曲线”的方式让大众消费者接受虚拟现实产品，并在漫长的日常使用中发现虚拟现实应用的理想形态应该是一个无所不包、无所不能的虚拟世界。

因此，在虚拟现实从业者大谈虚拟现实的美好前景之前，最好先想清楚哪些方向是虚拟现实行业早期的发力点和引爆点。不管是游戏、教育、影视还是电商，虚拟现实从业者总要找出一个领域重点发力，快速打中消费者的痛点需求，并带领整个虚拟现实行业迈进大众消费者的视野之中。

通过特斯拉电动汽车和智能手机的例子，笔者总结了一款新颖产品被大众消费者接受所需具备的两条标准。

（1）产品所满足的需求是非常大众化的，并且该需求在传统领域已经有成熟的解决方式。

（2）产品在综合体验上远远超过传统领域的同类产品。

智能手机因为能满足摄像、游戏等非常大众化的需求，而且用户在生活中已经习惯通过数码相机和游戏机等解决这些需求。当智能手机以综合体验更佳的想象出现在消费者面前时，消费者当然会有消费埋单的冲动。

特斯拉电动汽车也是如此。所有成年消费者都想要一辆传统汽车，于是特斯拉电动汽车就将自身定位为一辆传统汽车，在奢华形象和加速性能上与数百万级的跑车不相上下，提供了远远超过同价格传统汽车所能提供的体验。

当前，大部分虚拟现实从业者都把游戏当作宣传上的噱头，甚至是公司业务的核心，如图 7-19 所示。比如著名虚拟现实公司 Oculus VR 的联合创始人内特·米切尔就曾声称 Oculus Rift 是一款为电子游戏而设计的头戴显示器，游戏是 Oculus VR 公司的发展之本。索尼和 HTC 在发布 VR 眼镜时也都是通过 VR 游戏来演示设备的性能和玩法。

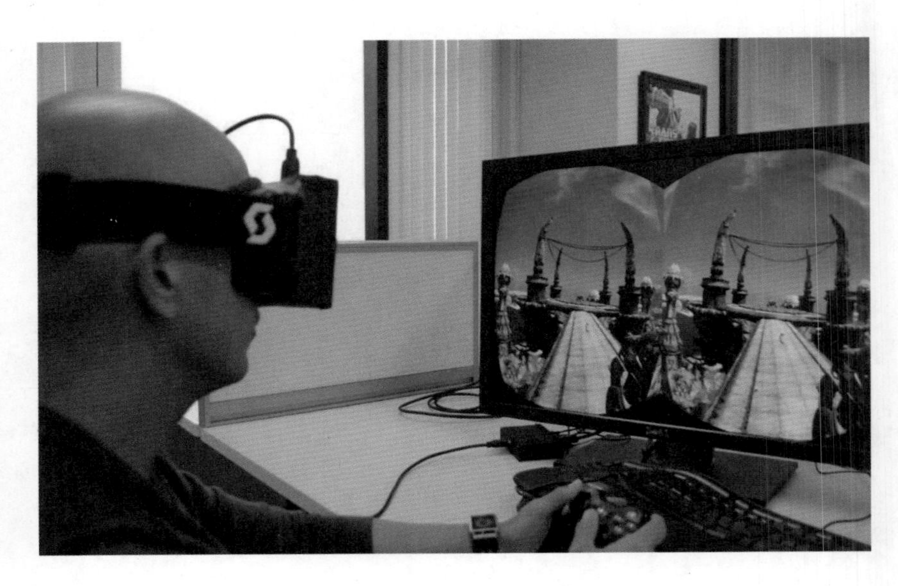

图 7-19 大部分虚拟现实公司都把游戏作为宣传上的噱头

那么，VR 游戏能否满足笔者提出的两条标准？毫无疑问，玩电子游戏是很多消费者的需求，为此还衍生出一个庞大的游戏产业。在中国，上市的游戏公司就有 171 家，总市值高达 4.76 万亿元。然而，在现有技术水平下，VR 游戏的体验不一定能超过传统电子游戏。大众玩家在传统 PC 和游戏主机上已经习惯了射击和格斗游戏，如果 VR 应用以游戏的形象出现在大众面前，他们将发自本能的想要体验射击类和格斗类 VR 游戏。然而，VR 技术目前还缺少理想的信息输入方式，带有射击和格斗元素的 VR 游戏体验会非常差，会出现头晕现象，如图 7-20 所示。一些资深玩家对 VR 游戏已经提出了抱怨和批评，认为当前 VR 技术的信息输入方式都不适合用来玩游戏，射击类和格斗类游戏对操作的要求非常高。

此外，游戏玩家群体还不够“大众”，毕竟不是所有人都是

图 7-20 头晕是射击类 VR 游戏短期无法解决的硬伤

重度的游戏玩家，非游戏玩家群体不仅对 VR 游戏的消费意愿较低，而且还可能会因为部分游戏的负面形象对 VR 产品产生偏见。因此，VR 游戏不太可能在早期就能打动大众消费者并鼓励他们扔掉游戏主机购买 VR 设备。

值得注意的是，Oculus VR 公司作为一家声称以游戏作为公司发展之本的虚拟现实公司，却在 2015 年 1 月宣布成立 VR 影片工作室 Story Studio，并于同天在圣丹斯电影节首次放映其制作的首部 VR 电影 *Lost*，且获得了良好反响。传统电子游戏厂商如美国艺电公司和育碧公司等都只专注于电子游戏，并没有涉足影视业务，不缺钱也不缺游戏人才的 Oculus VR 公司却在 VR 游戏业务之外新开辟了 VR 视频业务，这也许代表着 Oculus VR 公司高层对 VR 视频领域格外看好。

因此，我们再来根据前文提出的两条标准对 VR 视频进行分析，如图 7-21 所示。看视频应该是最大众化的用户需求了，从对着电视机看综艺节目到去电影院看电影，影视需求是现代人日常

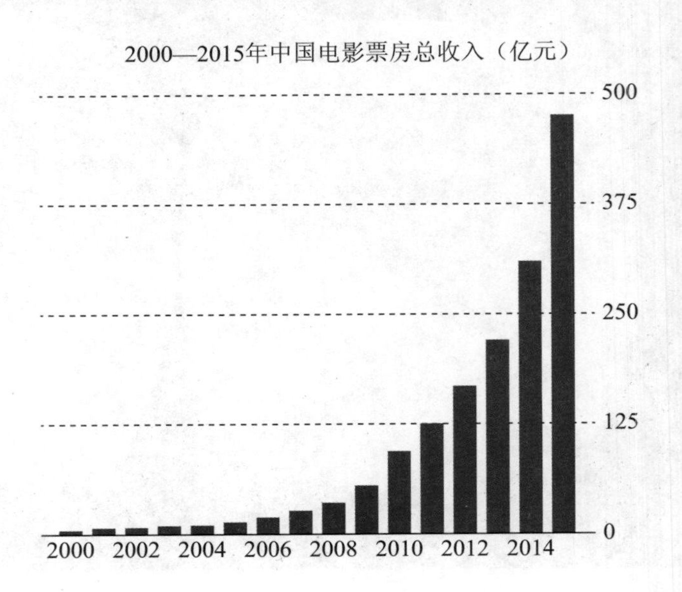

图 7-21　中国电影市场以爆发式速度增长，突破千亿元大关近在眼前

生活中最常见、最高频的需求之一。以电影市场为例，2015 年中国电影票房总收入为 440.7 亿元，根据中国电影家协会秘书长饶曙光所透露的数据，400 亿元其实只是一个新的起点，因为中国年度人均观影只有 1 次，而韩国是 4.1 次，中国年度电影票房收入突破 1 000 亿元近在眼前。

目前，中国每年数百亿的电影票房收入全部来自线下电影院的贡献。根据中国广电总局于 2015 年年底公布的数据，中国银幕总数达 31 627 块，与北美相差约 7 000 块，其中县级影院银幕只有 12 777 块，还不到中国银幕总数的一半。从数据上看，一线城市的影院建设已经接近饱和，图 7-22 为一线城市的高质量影院，二线城市的影院建设增速放缓，三四线城市的影院数量还有增长空间。

图 7-22　一线城市居民所习惯的高质量影院对县城影院投资者来说过于昂贵

虽然中国电影市场这几年迎来了爆炸式增长，三四线城市的影院建设却不如想象的顺利。2015 年中国人均 GDP 只有 8 000 美元，而美国人均 GDP 已达 55 000 美元左右，中国三四线城市与县城的消费能力还很有限。目前，一个 4 个厅的县级影院建设成本约为 400 万～ 500 万元，回收成本的时间少则三四年，多则遥遥无期。至于视听体验更佳的 IMAX 影院，单个放映厅的成本在 1 500 万～ 2 000 万元，每年的维护成本也在百万元级别，根本不是三四线城市与县城的影院能够承担得起的费用。

随着三四线城市与县城的大量年轻人去一线城市读书和工作，他们已经习惯了顶级电影院的视听享受，回到家乡后却找不到高质量的电影院。很多生活在小地方的年轻人去大城市旅游时，已经把 IMAX 影院列为必去的“旅游景点”。然而，不是所有人都会生活在大城市，大量的人口还是会因为低廉的生活成本和轻松的生活节奏留在三四线城市与县城。在这种大背景下，VR 视频对于广大生活在三四线城市甚至农村的居民是一个非常重要的消费选择。

VR 视频目前有两个方向：一个是通过虚拟现实技术打造一个虚拟电影院，让用户不出家门就能享受到 IMAX 影院的视觉体验；另一个是 360° 全景视频，用户直接出现在视频场景中，可以 360° 环视周围，拥有非常真实的临场感。

不管是哪一个方向，VR 视频在综合体验上超越大部分线下影院是板上钉钉的事情，如图 7-23 所示。以虚拟电影院为例，开发者可以通过虚拟现实技术打造理论上无限大的屏幕，完全不受现实生活中的物理法则制约。目前 VR 眼镜在屏幕清晰度上还存在软肋，但这也几乎是 VR 眼镜在视频领域的唯一软肋了，一旦 8K 和 16K 分辨率的屏幕得到成熟量产，VR 视频在视觉体验上超越 IMAX 影院将不是梦想。根据华尔街分析师的判断，8K 分辨率的手机屏幕将于 2020 年之前实现量产，届时困扰 VR 眼镜已久的清晰度问题将得到解决。

图 7-23 随着屏幕分辨率的提高，虚拟电影院的视觉体验很快会超越线下影院

VR 视频的另一个方向是 360° 全景视频，它的体验是革命式的突破。视频制作方的目标不再是满足用户的双眼，而是“欺骗”用户的大脑，让用户以电影主人公的身份出现在一系列场景之中，经历一个完整的故事。整个体验流程就像是用户在现实世界里的真实经历，达到真假难分的程度。

在虚拟电影院和全景视频之间，前者更适合虚拟现实从业者在虚拟现实商业化的早期阶段去做尝试。此类应用只需要开发一个虚拟的电影院，视频资源不需要额外制作，可以直接使用海量的传统影视资源。从长远的趋势来看，全景视频更有可能成为取代虚拟电影院成为 VR 视频的终极形态，传统的影视内容总是让观众感觉是置身之外进行旁观，3D 电影只是在视觉上提供了可怜的立体效果就已经火遍全球，一旦当高质量的全景视频出现时，其逼真体验定会超越其他所有视频体裁。

然而，如果有创业者在虚拟现实行业的初始阶段选择进攻全景视频领域，他可能会遭遇一些难以克服的挑战。全景视频是一类全新的视频体裁，整个影视行业需要提供相应的人才与技术，才能保障全景视频的高质量水准。遗憾的是，目前影视制作行业的摄像方式、剪辑方式、录音方式和演员的表演方式等都不适用于全景视频的制作，专业人才与制作经验的缺少导致制作高质量全景视频的难度会很大，成本也会比传统视频高很多。如果不能拿出一系列高质量的全景视频，创业者很可能会遭遇商业上的失败，毕竟传统影视的制作已经非常成熟了，并且消费者很乐意为传统影视埋单——中国爆炸式增长的电影票房就是最好的证明。

然而，有一类题材特殊的视频类型很可能在全景视频领域迎来爆发式成长，并反过来促进全景视频的技术发展与商业化。这一类视频对摄像、剪辑、录音等制作技巧的要求并不高，非常适合于初期阶段的全景视频。围绕此类题材的视频曾极大促进了传统互联网的技术发展和商业化进程，这一次，它能否同样促进虚拟现实的技术发展和商业化进程？

这就是色情业相关的视频题材。色情业在有些国家是现实存在的，当然，为了保护少年儿童的健康成长，未来也是严格限制色情 VR 视频的播放范围的。弗洛伊德说过：“性欲是人类取得一切成就的源泉。”这话有点夸张，但色情行业确实推进过一些技术的发展。以互联网行业为例，网民的色情需求曾在互联网行业的初始阶段无意间推动了互联网技术的普及和前进。我们在日常生活中已经习以为常的在线支付，色情网站早在 20 世纪 90 年代就开始实践；在高速宽带普及之前，网民对在线观看色情视频的需求促使色情网站的程序员们尽力优化视频播放体验，极大地推动了在线视频播放技术的快速进步，无意间加速了一些视频网站的诞生；色情网站的在线视频聊天服务还推动了在线视频通话技术的进步，我们在 QQ 和微信上频繁使用的视频通话，其优秀的体验就受益于色情网站的程序员们。

不难想象，用户的色情需求仍然会在 VR 行业的商业化进程中起到重要作用。一家来自西班牙的色情公司 VirtualRealPorn 已经通过制作和在线播放 VR 色情视频实现盈利。由于传统影视行业没有全景视频的制作经验，他们要从前期设备到拍摄技巧，乃至后期制作从头独立探索，建立一个前所未有的标准流程。由于色情相关的影音服务与钱最“近”，相关公司也最有动力去追求技术和商业模式上的突破。从互联网行业的发展历程来看，色情产业会再一次成为虚拟现实领域的技术先驱，推动虚拟现实技术的商业化，并为未来许多虚拟现实应用扫清技术障碍。

Virtual reality

第四篇 商业革命：充满想象空间的商业化前景

互联网技术在20世纪90年代就开始了商业化进程，发展至今已经成为产值超过10万亿美元的重要行业，中间的发展历程并不是一帆风顺的。随着技术水平的提升，互联网行业的发展是阶段式的前进：从最早的PC互联网时代到移动互联网时代，再到无所不连接的物联网时代，逐渐走向“互联网+”的时代。互联网行业在每一个时代都有相应的主流商业模式，这一商业模式是由技术水平、社会形态、经济水平等多方面原因所决定的。

虚拟现实技术在此刻来到了商业化进程的起点，许多创业者已经摩拳擦掌准备好做出一番事业。我们已经讨论了虚拟现实作为新鲜事物如何被市场快速接受，这一篇将更多地关心虚拟现实技术在各个阶段的商业化应用。

虚拟现实技术在不同阶段的商业化应用存在差别

第8章 体验为王

虚拟现实技术目前在信息输入上还存在缺陷，不只是缺少理想的操作方式，而且用户的眼神、脸部表情和细微的肢体动作等信息暂时也难以捕捉。所幸的是，虚拟现实技术在信息输出上的缺陷很快就能得到解决，高清、低延迟的逼真画面即将出现在大众消费领域的 VR 产品上。因此，虚拟现实技术的商业化进程只能从以信息展示和视觉体验为核心的应用入手。

8.1 VR 影院

VR 影院作为满足视频需求的重要产品形态之一，将会贯穿于整个虚拟现实行业的发展过程中。对用户来说，视觉体验既是 VR 影院的核心，也是虚拟现实技术在早期阶段的优势。对于创业者来说，找到正确的方向去做 VR 影院，也许会做出虚拟现实时代的 YouTube。

研究 VR 影院的商业化可能性，首先要考虑虚拟现实的技术装备水平，确定产品研发的可行性。VR 影院的形态主要是还原线下影院的环境，让用户坐在虚拟放映厅里观看电影，几乎不涉及信息输入，对技术装备的要求较低。除了技术装备水平的考验，VR 影院商业化的考察标准还有以下两点：

（1）用户对影视的需求在非 VR 领域是否已经旺盛存在；

（2）VR 影院能否提供最好的体验。

在上一章节中笔者列举了一些国内电影总票房的数字，中国年度电影票房收入突破 1 000 亿元已经是近在眼前。可见，大众对影视消费方面的需求是旺盛的，蕴含着巨大的商业价值。因此，VR 影院所试图满足的用户需求是真实有效的，只要 VR 影院能提供综合体验更好的视听内容，大众消费者没有理由不选择 VR 影院。

VR 眼镜的一个优势是能够让用户不出家门就能观看电影，这对于苦于当地没有高质量影院的消费者而言，是非常重要的。只要 VR 影院在视觉体验上能接近甚至超过线下影院，大量生活在县城与农村的消费者会立刻投入 VR 影院的怀抱。就视觉体验来说，人们不在家看电影而跑去电影院的主要原因是电影院的巨大银幕所带来的震撼体验和沉浸感，这是客厅里的电视机所无法提供的视觉体验。实际上，折服无数观众的 IMAX 放映厅与普通放映厅的主要区别即是高规格的音响设备和五六层楼高的巨大银幕，如图 8-1 所示。对于观众来说，银幕的尺寸成为视觉体验的重要指标，银幕越大，观众的视觉体验就越震撼。

在现实世界里建造一个 IMAX 放映厅的成本实在是太高了，要建造一个巨大的放映厅，能够容得下五层楼高度的银幕，还要有相应的超清放映机等设备，最终建造成本高达 1 500 万～ 2 000 万元。显然，高昂的建造成本导致 IMAX 影院根本无法在县城普及，目前县城和三线城市的广大影迷只能专程去一二线城市体验

图 8-1 五层楼高的巨大银幕是 IMAX 影院征服观众的关键

IMAX 电影。然而，超大银幕在虚拟现实技术所打造的虚拟世界里完全不是问题，VR 眼镜通过将屏幕贴近人眼实现了以假乱真的视觉体验，在虚拟世界里建造一个 IMAX 放映厅的成本只是一堆代码，但银幕的尺寸可以无穷大，不受现实物理规则的约束，如图 8-2 所示。只要 VR 眼镜的显示效果足够清晰，VR 影院完全可以提供接近甚至超越 IMAX 电影的视觉体验。

图 8-2 在虚拟世界里可以建造无穷大的放映厅，不受现实物理法则的约束

在前文中已经多次提到，VR 眼镜采用 16K 分辨率的屏幕就能提供超越人眼极限的清晰画面，8K 甚至 4K 分辨率的屏幕就已经能提供令人满意的画面效果。索尼已经于 2015 年发布了搭载 4K 分辨率屏幕的智能手机，这表明 4K 分辨率的屏幕已经可以成熟量产。根据华尔街分析师的预测，8K 分辨率的屏幕也将在 2020 年之前实现量产。也就是说，VR 眼镜的“视网膜屏幕”时代很快就会来临，VR 影院将会提供超越 IMAX 的视觉体验。

综合来看，VR 影院是虚拟现实技术实现商业化的重要领域之一，它拥有成熟而广袤的市场需求，技术水平也足以提供超越线下影院的体验，大众消费者也不会对 VR 影院产生拒绝新鲜事物的抵触心理。可以预见虚拟现实出现在大众身边的形式之中必然有“私人电影院”，它将满足大众不出家门就能享受影院级观影体验的需求。

与线下影院相比，除了以极低成本就能提供巨大银幕的视觉体验，VR 影院还有其他优势。在现实生活中我们已经习惯了千篇一律的放映厅，几乎全都是一个巨大的厢型大厅里摆放着若干排座椅，影院在放映电影时会关闭放映厅内所有的灯光，整个放映厅陷入黑暗，只有银幕上播放着电影内容。当电影院的魅力只依赖于银幕上的电影内容和音响放出的声音时，若是经常去电影院看电影的观众，很容易对这种环境产生疲劳。一些影院注意到主流影院普遍采用的单调观影环境过于沉闷无趣，推出了具有个性特点的“主题放映厅”，观众可以在具有特色的放映厅里观看电影，具有独特的观影感受。

主题放映厅的环境不再是千篇一律的厢型大厅，而是根据各类人群和电影设计相应的主题风格。举例来说，对于太空题材的科幻电影，一些电影院打造了太空飞船驾驶舱风格的放映厅，迎合了科幻电影迷的需求，给影迷耳目一新的感觉，让影迷在观影时更有代入感，如图 8-3 所示。这种针对特定电影类别的主题放映厅一经推出，就立刻获得特定影迷的热情追捧。

图 8-3　太空飞船主题的放映厅环境

虽然主题放映厅在线下受到了许多观众的欢迎，但主题放映厅并没有因此遍地开花。对于线下电影院，一个普通放映厅的建造成本在百万元以上，如果在装修上别出心裁，专门定制装修风格和题材，整个主题放映厅的成本可能会更高。如果还考虑建造具有特定主题风格的 IMAX 放映厅，建造成本更是在 2 000 万元左右。

显然，过高的建造成本使线下电影院无法频繁打造和更新主题放映厅。然而，主题放映厅由于极强的风格特点，导致其只适合放映特定类别的电影，不能兼容更多的电影类别。举例来说，不论是都市爱情片还是历史战争片，都不适合在科幻主题放映厅进行放映，只有贴切科幻主题的科幻电影才能与科幻主题放映厅相匹配。对于影院方来说，花费比普通放映厅昂贵的价格去打造主题放映厅，却不能像普通放映厅一样兼容所有的电影和影迷，在建设成本高居不下的背景下，大规模建造主题放映厅是无法被商家接受的。

对于线下电影院，建造主题放映厅所带来的麻烦并没有就此结束。一类电影题材的魅力是有保质期的，大众很少会连续多年痴迷于一类题材，一线电影制作方也在不停地推陈出新，挖掘各种新鲜题材，制作风格迥异的各类电影。在这种背景下，主题放映厅的寿命很可能十分短暂，而且无法低成本、快速地转换放映厅主题，自然也就无法快速跟进最新的热门电影风格，也就无法满足观众最新的需求。

快速建造和更新主题放映厅，在 VR 世界里可以用成本极低的方式去实现。在成熟开发工具的帮助下，打造一个主题放映厅只需要少量人力成本，开发时间也可以压缩至短短几天之内。在 VR 世界的虚拟电影院里，快速跟进电影市场潮流，为各类风格的电影打造主题放映厅根本不在话下，在优秀开发团队的帮助下，为每一部上映电影打造特定风格的放映厅也不是没有可能。举例来说，对于《哈利·波特》系列的电影，如图 8-4 所示，VR 影院可以为观众提供特别订制的放映厅环境，让观众坐在霍格沃茨魔法学校的校园之中观看《哈利·波特》电影，这将满足许多《哈利·波特》影迷们一直以来的梦想：亲身去魔法学校霍格沃兹城堡看一看。

VR 影院在打造主题电影院上比线下电影院还有其他优势。VR 影院里的主题放映厅可以是动态的，在电影放映的过程中，放映厅的环境可以随着电影剧情的进行而变换。当电影里的场景从飞机转移到机场，放映厅的环境也可以从飞机乘客舱转移到机场候机大厅。动态的放映厅环境可以让观众更有代入感，仿佛真

图 8-4 出现在霍格沃兹城堡是很多《哈利·波特》影迷的梦想

实出现在电影场景中，见证了电影情节的发生。

在高清 VR 眼镜的帮助下，主题放映厅有着逼真的环境和超越现实的品质；在成熟开发工具的帮助下，主题放映厅可以被低成本快速开发，时刻迎合电影市场的最新潮流；在设计师的帮助下，主题放映厅可以更好地帮助观众获得代入感，更深入地了解电影。因此，主题放映厅很有可能成为 VR 影院的重要功能点之一。

在上面的叙述中，VR 影院所满足的都是用户的工具型需求。从工具型需求入手，衍生出与工具相关的其他需求，是许多互联网企业的成功秘诀。市值超过一万亿元的腾讯公司，其开发的最早的产品是聊天工具 QQ，它满足了用户使用计算机与他人联络的需求，并在工具体验上力争第一，最终击败微软旗下的 MSN，成为很多中国网民必不可少的通信工具。在通信工具的基础之上，腾讯公司开辟了新闻、游戏、视频、音乐、电商等业务，并最终成为中国互联网行业的三大巨头公司之一，如图 8-5 所示。

腾讯公司的发展路径对虚拟现实行业也有重要的参考意义。当一个新鲜事物来临时，大众消费者最关心的是它能干什么，即产品的工具属性。VR影院可以从“私人电影院”的工具属性入手，吸引消费者使用VR影院产品，培养用户的消费习惯和生活习惯，使VR影院成为现代生活的一部分。

在VR影院切入电影市场后，消费者会逐渐开始追求观影之外的服务和功能。在现实生活中，电影院具有天然的社交属性，它是许多城市居民的社交场所，一起去看电影这件事本身就是一种社交行为。看电影所引发的社交行为不只是在电影院的两个小时，由于看完电影的人们拥有了共同话题，他们在离开电影院后可以继续围绕电影抛出话题，进行交流讨论。

对观众而言，独自观看才能真正深入地了解电影，但对于社会人而言，一起去看电影才足够温暖人心。人是社会性动物，孤独和寂寞是人无法独自解决的问题，由存在感所衍生的产品需求和消费需求存在于生活的方方面面，不论是咖啡厅、豪华汽车还是手机APP，极少有人会以彻底孤独的状态面对世界。电影院本

图8-5　腾讯公司借助通信工具QQ开辟了一系列业务

身只是电影的播放媒介，但在现代都市中已经不知不觉地迎合了城市居民的社交需求，电影院成为许多人寄托美好回忆的场所。

对于用户而言，VR 世界里的虚拟电影院看起来和线下影院一样，观影方式和体验也很接近，那么用户很自然地会想到与线下影院有关的一切，包括线下影院中的社交行为。当用户戴上 VR 设备，来到虚拟电影院，看到放映厅里空荡荡的座位时，一定会想起线下影院里坐满观众的场景。因此，和其他人一起在 VR 世界里看电影，就成为用户自发的需求。

发生于线下影院里的社交行为往往是一种很弱的表现形式，因为在放映厅里必须保持安静，精彩的电影内容也让用户无暇分心，影院里的社交行为往往表现为陪伴，所满足的心理需求是用户的存在感，如图 8-6 所示。因此，这种以陪伴为核心的社交行为对 VR 技术提出的要求并不高，只需要用户彼此的虚拟形象能够出现在同一个虚拟电影院即可。

图 8-6　为了保持安静，电影院的社交行为主要是陪伴

线下电影院为了照顾所有人的观影体验，只能要求所有观众在观影过程中不要发出任何声音，或者说这已经成为都市礼仪的一部分。这是线下电影院的巨大遗憾，拥有极佳的视听体验，却不能让观众在观影过程中与身旁好友即时交流感受。许多城市居民已经习惯了看电影必须保持安静，早已忘记一群人围着银幕交流时的感动。

在 20 世纪 80 年代，港台电影以录像带的形式传入内地，从所未见的武打片和都市爱情片征服了大批年轻人，一时间，录像厅在全国各地城市遍地开花。一间录像厅往往只有一台电视和一台播放器，还有若干简陋的椅子，环境远远不及现代电影院，如图 8-7 所示。录像厅的观众在这种简陋环境下的观影行为并不存在所谓的“观影礼仪”，录像厅的环境是一个自由的交流环境，观众既可以随时对电影里的情节和人物发表评论，也可以随时喝

图 8-7　曾经风靡全国的录像厅是许多人心中的美好回忆

彩来表达内心畅快的感受。如果你想独自安静地观看电影，录像厅里的讨论声和满地烟头会让你逃离；如果你想和伙伴们一起体验电影、交流电影，那么录像厅就是天堂。

到了90年代后期，科技的进步使VCD等影碟机开始普及，“在家看电影”这一时髦的概念也受到了大量城市居民的欢迎，2000年后电影院的快速建设和大众消费能力的提高也进一步促进了录像厅的消失。时至如今，录像厅已经退出城市街头，成为许多人脑海中的遥远回忆。对于很多经历过录像厅时代的影迷来说，虽然电影院的环境更棒，其视听体验也远远超过录像厅的简陋设备所能提供的体验，但现代电影院的豪华环境中总是少了一些难以名状的温度和记忆。

在笔者看来，一切社交行为的核心都是协作，人们为了各自的利益和目的进行各种形式的协作，各取所需。以充斥现实世界的社交网络为例，人们通过对动态进行点赞和评论来满足彼此的存在感，在不知不觉中完成了社交协作，从QQ空间到微信朋友圈，谁都逃不过这张社交协作网络。

现代电影院的问题在于安静的观影环境约束了观众彼此间的协作形式，大家只能在电影播放到关键画面时发出有节制的笑声或者惊叹声，除此之外再无别的交流形式。而录像厅的观众就没有这个烦恼，他们彼此也许互不认识，但并不妨碍在看电影时发出感慨，互相交流。这种存在感极强的协作形式由于采用了当面交流的口语媒介，给人的留下印象还十分深刻，久久难忘，这也是录像厅成为一代人难忘回忆的原因之一。

虽然录像厅式的观影体验在线下世界已经消失了，但永远不缺想象力的互联网产品又再次还原了这一体验。深受“90后”和“00后”喜爱的弹幕视频最早来自日本的视频分享网站niconico，用户可以将对视频的评论发布在视频画面上，评论文字会像子弹一样飞过，当大量的评论内容一起出现时就像瀑布一样密集，这就是“弹幕”一词的来历，如图 8-8 所示。

图 8-8 弹幕视频网站受到大量年轻人的欢迎

在弹幕视频网站，观众不仅可以看到其他观众留下的评论，也可以自己发布评论，在视频上即时滚动的评论就像录像厅里的观众即时表达的感受，所有观众在虚拟的网络空间对同一个视频进行交流，这种体验让人想起录像厅时代的观影体验，充满着存在感和乐趣。目前，国内著名弹幕视频网站 bilibili 的注册用户数已经超过 1 700 万，该网站已经成为一群亚文化爱好者的聚集地，对外输出不同于大众主流文化的独特文化内容。

随着弹幕视频网站的壮大，一些线下电影院也开始意识到安静的观影环境在交流形式上的缺陷。从 2014 年开始，一些电影院和电影制作方开始尝试在线下放映厅提供弹幕功能，观众在影院放映厅里可以通过手机发布评论，以弹幕的形式出现在银幕上，实现与其他观众的即时交流，如图 8-9 所示。线下影院与弹幕视

图 8-9 一些影院引入了弹幕功能，在体验上让观众耳目一新

频的结合让一些观众大呼过瘾，它给观众提供了生动有趣的观影体验，观影过程不再像过去一样沉闷压抑。

然而，线下电影院的弹幕功能在体验上还是存在缺陷。在观影过程中一些有趣的画面亮点和剧情稍纵即逝，用户在手机上输入文字来发表感受，当评论内容出现在银幕上时，相应的剧情画面早已错过。此外，文字的形式也不够直接，最能表达观众感受的还是口语，用充满情绪的声音传达自己的想法，最能让其他人感知到自己此时的感受。

在 VR 世界里，虚拟电影院不再受线下影院所遭遇的约束，用户可以与少数观众一起享受 IMAX 级的巨大放映厅，通过麦克风直接交流观影感受，这一切对 VR 影院来说都不是问题，多人语音通话已经是非常成熟和普及的功能，虚拟电影院也不需要像线下电影院一样追求上座率。也就是说，虚拟电影院可以同时拥有录像厅的交流环境和现代影院的视听体验。

每个人都有在现实生活中无法频繁相见的朋友，我们通常是曾经的邻居、同学、同事，都拥有着共同的经历和记忆，却因为现实世界的距离而彼此分离。随着时间的推移，彼此之间的共同经历越来越少，共同记忆越来越遥远，感情自然也就越来越淡。电影是一个极好的创造共同记忆的载体，虽然在现实中无法继续共同相处，但人们可以在VR世界里一同观看电影，在同一部电影中经历他人的世界，通过口语交流进行社交协作，创造属于彼此的共同记忆，增进对互相的了解和感情。

因此，虚拟电影院绝不仅仅是大众消费者的观影工具，它还很有可能成为一些人的社交场所。任何一家互联网公司的产品经理都能明白，只要产品内有了社交行为和需求，就能产生衍生的服务和需求。就像人们在现实生活中会花钱打扮自己来改善他人印象、购买玫瑰传递爱情、去咖啡馆约会促进感情等，社交需求主导的消费行为已经融入我们生活的方方面面。对于VR影院的观众而言，社交行为会衍生出一系列的需求和服务，这些都是VR影院从业者的商业化着力点。

当用户以虚拟形象的方式出现在VR影院里，与他人一起观看电影，进行社交互动时，虚拟形象就成为用户展示自我的重要方式之一。每个人都认为自己是独一无二的，也都希望拥有一个独一无二的形象，它可以反映用户的性格特点和心情状态。在网络游戏行业，许多玩家会为了游戏角色的形象而花钱购买虚拟服饰，一些虚拟服饰的价格并不便宜，但仍然有不少玩家为此埋单，个性化的形象可以满足用户的心理需求，能够更好地展示自我，如图8-10所示。

除了服饰和人物外形以外，丰富的表达方式也是用户形象的重要组成部分。著名通信软件微信和QQ都有一系列的付费表情，比起枯燥无趣的文字，图片表情能更好地帮助用户表达情绪，塑造生动有趣的形象。在VR世界里也是如此，技术装备的缺陷导致用户无法真实地通过脸部表情和肢体动作去传达感受，用户需

图 8-10　许多网络游戏玩家会为游戏角色的形象而花钱

要一些辅助的表情和动作来表达自我，给他人留下非常生动逼真的社交印象。

用户在 VR 影院里进行社交行为时，除了会在意自身的形象，还会追求不一样的观影环境。不同的观影环境所传达的氛围和用户心情是不一样的，如果用户要邀请朋友来到自己的放映厅，放映厅就有了对外展示的属性，用户会在意放映厅的风格、灯光、饰品等“装修”细节。不同性格的用户会打造不同风格的放映厅，以便更好地展示自我，与朋友进行社交。一些著名网络游戏也允许玩家自己建造房屋，从零开始打造一个属于自己的虚拟空间，从装饰到家具全部都由玩家自己打造，满足了玩家展示个性的需求，如图 8-11 所示。

综合来看，VR 影院所面临的市场需求是巨大的，大众用户面对 VR 影院也不需要任何的学习成本，作为“私人电影院”的产品定位将贴合广大消费者的观影需求，通过爽快真实的观影体

图 8-11　一些网络游戏允许玩家自己打造房屋，展示个性

验征服用户。当 VR 影院已经成为用户离不开的工具型应用时，再结合用户的社交需求和个性化需求，推出一系列产品和服务，努力实现商业化转型。

8.2　VR 全景视频

在最近一两年间，随着资本界和媒体界对虚拟现实技术的反复炒作，全景视频的概念也一次又一次地出现在大众面前。在大众看来，VR 头盔里的全景视频就是可以让用户身临其境感受虚拟世界的视频载体，全景视频在很多人心中已经成为虚拟现实技术的代名词。

许多虚拟现实从业者都在担心 VR 内容缺失的问题，在 VR 游戏短期时间内难以独当一面的情况下，全景视频将会是很好的内容补充形式。全景视频能给用户带来沉浸式的视频消费体验，其接近真实的临场感是传统视频所无法提供的奇妙体验。然而，大众消费品级别的 VR 设备还没来到普通大众的生活当中，相关的全景视频内容也处于缺失状态，大众还没有机会真正体验全景视频。在探讨全景视频的商业应用之前，必须先来了解大众并不真正熟悉的全景视频。

全景视频本质上是通过 VR 设备打造一个以用户为圆心的球形空间，用户可以获得水平方向 360° 和垂直方向 180° 的全包围视野，仿佛在现实世界中一样。VR 设备需要在 2D 屏幕上展示 3D 的球形视频内容，这需要内容制作者把球形空间的图像内容转化成 2D 图像的形式。这一过程听起来似乎很复杂，其实就是我们每个人都看过无数次的世界地图，球形的地球被“拍扁”成二维平面上的陆地和海洋，如图 8-12 所示。

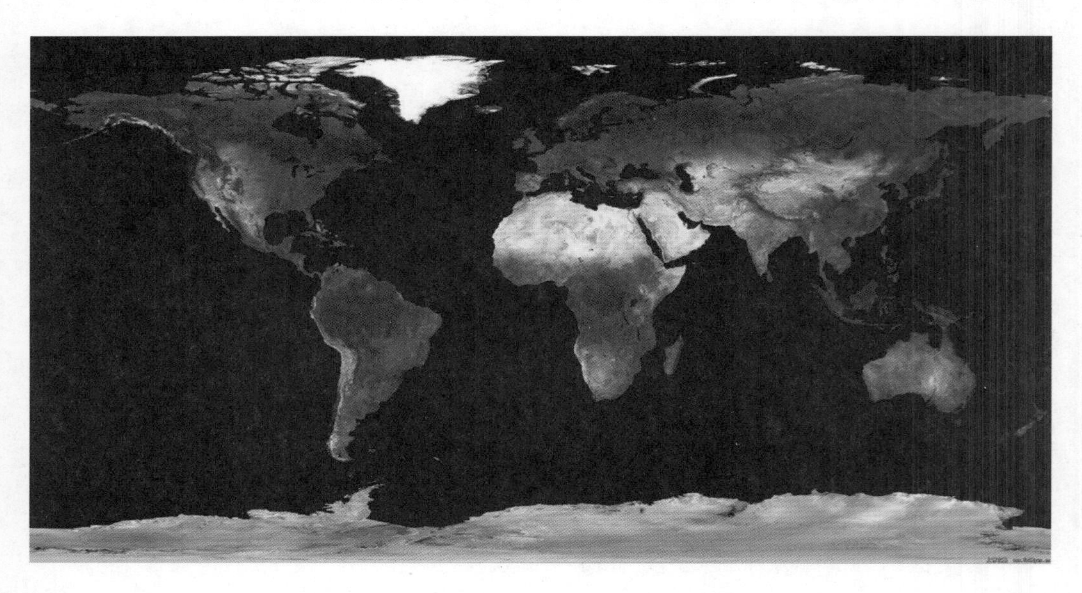

图 8-12　世界地图以二维图像的形式展示了球形的地球表面

像世界地图那样将真实世界里的3D场景在2D图片上展开，这一过程叫作投影。在投影过程中，最难的环节是如何避免画面内容的扭曲失真，为此诞生了多重投影方式来解决画面的扭曲失真问题。我们所熟知的世界地图即是使用一种名为Equirectangular的投影方式绘制的，如图8-13所示，它的特点是越靠近上下两端的图形部分所受到的拉伸越大，越靠近中心的图像部分越接近真实。

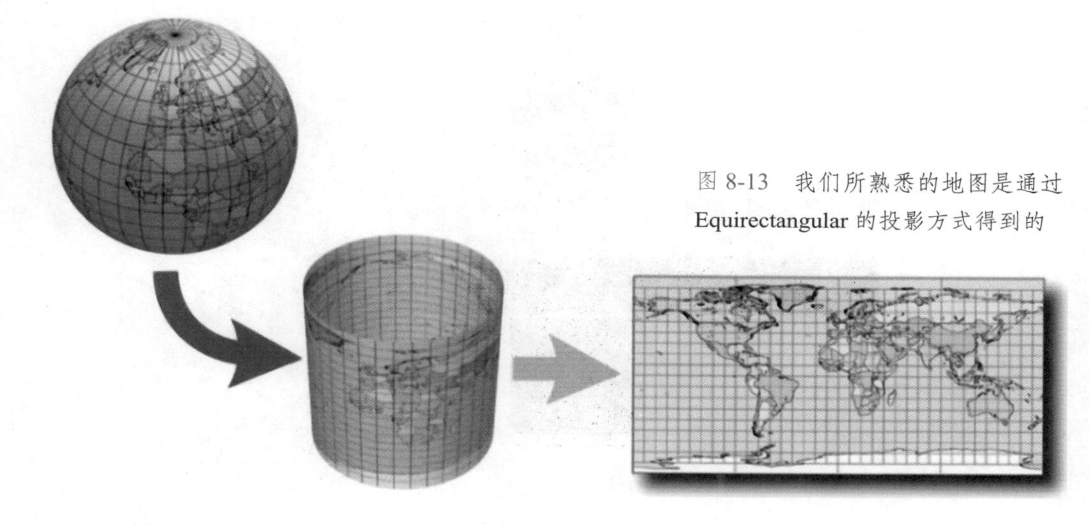

图8-13　我们所熟悉的地图是通过Equirectangular的投影方式得到的

从地图上来看，南极洲的面积大得惊人，几乎是地图上最大的一块大陆，而实际上南极洲的面积只相当于中国加上印度的总面积大小。俄罗斯的疆土面积大约是中国的两倍，但在平面地图上，俄罗斯的面积仿佛有3～4个中国那么大。这都是由于3D球体向2D平面投影所导致的图像变形，好在VR眼镜的任务就是通过对投影图像进行反向投影处理得到球形的图像内容，让用户感受到全视角的真实场景。

由于球型图像的特殊性，将球形图像向二维平面投影得到的单张平面图片总是不可避免严重的图形扭曲，VR设备使用这种单张平面图片去还原球形空间时会带有一些图像质量损失，造成整个全景视频的质量和体验下降。于是开发者想到使用多张平面照片来记录球形空间的图像，然后通过软件在 VR 设备中还原出球形的图像内容。类似的投影方式已经在虚拟现实行业中得到使用，Cubemap（立方图像）是通过六幅画面来记录三维空间中的图形内容，这六幅画面拼接一起可以组成一个立方体，观察者站在立方体的中心处即可获得真正全包围的视角，通过软件处理可以得到不存在任何扭曲变形的全景画面，如图 8-14 所示。

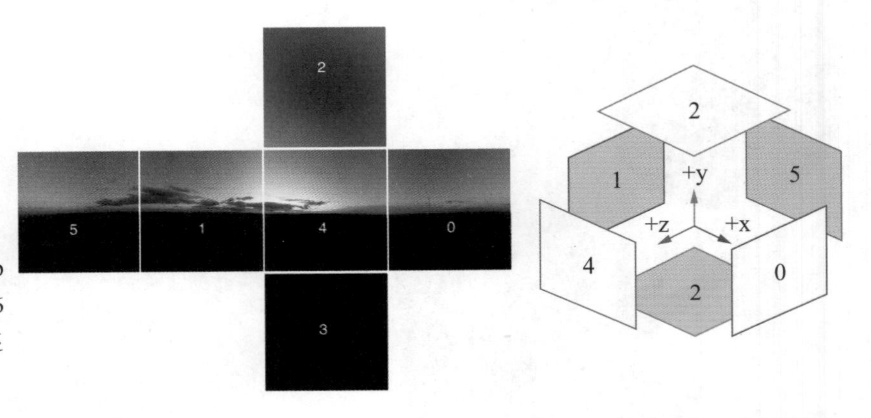

图 8-14　Cubemap 投影方式通过 6 张平面图像来还原立体图像内容

在现实中，一个摄像头只能记录一张 2D 图像或一个 2D 视频，为了迎合 Cubemap 的投影方式，全景视频的摄像机至少需要 6 个摄像头，从同一个中心位置朝着六个方向记录图像信息，这样得到的图像内容才符合 Cubemap 的投影标准，并可以反投影处理得到全景视频，如图 8-15 所示。

图 8-15　全景视频摄像机拥有 6 个摄像头，朝着六个方向拍摄

在实际应用中，全景视频摄像机所面临的难题并不少。由于摄像头装配永远不可能绝

对精准，6 个摄像头在实际应用中并不是在同一个中心位置记录视频内容的，而是通过软件处理得到的全景视频就会出现无法完美拼接的缝隙。实际中的解决方法是让每一个摄像头都“多”记录一些图像内容，最后在拼接时会出现重叠部分，并通过软件处理得到完整的全景视频内容。全景视频摄像机还会遇到多个摄像头之间的同步性问题，如何让这些摄像头没有时间差的开启录制，并且在帧率上保持同步，这需要一个方式来控制多个摄像头的同步工作，Genlock 和 Framelock 等技术应运而生。

足够细心的读者也许已经发现，上面所有关于全景视频的讨论都忽略了人的一个重要特点：人对外界图像的观察是通过两只位于不同位置的眼睛实现的，左眼与右眼看到的图像并不完全相同，会有明显的偏差，如图 8-16 所示。只有 6 个摄像头的全景视频摄像机只能录制一只眼睛看到的画面，为此一些公司推出了具有 12 个甚至更多摄像头的全景视频摄像机，同时录制人左右眼看到的画面。

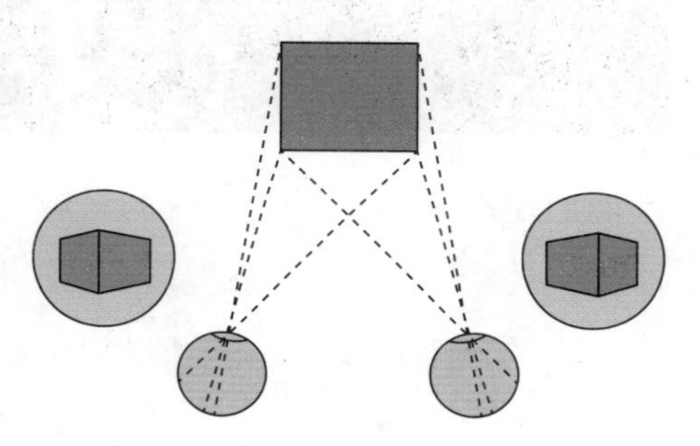

图 8-16 人的双眼由于位置不同，看到的画面也不同

在解决了拍摄设备的问题之后，全景视频的拍摄方式仍然是一大困扰。在传统视频的录制现场，导演、摄像师、录音师、灯光师等摄制组成员都站在镜头后面参与视频录制，摄像机只录制正前方的画面，所以不会“露馅”，如图 8-17 所示。而全景视频为了实现全方位的视野角度，全景视频摄像机需要对场景周围的所有内容进行录制，录制现场的所有建筑、人物、道具等都是全景视频的组成部分。在这种摄像条件下，摄制组不仅必须保证拍摄现场的每一个细节都是视频要想录制的内容，而且摄制组自己

图 8-17 传统视频的摄制组会出现在镜头后面参与拍摄

不能出现在拍摄现场，声音的录取、灯光效果的创造等工作都无法依照传统方式进行，演员也无法及时得到导演、摄像师、灯光师等人的指挥建议，只能凭借记忆和经验面对全景视频摄像机，这些都极大地增加了全景视频的录制难度。

对于传统视频，由于画面视角固定，摄制组可以通过对镜头的灵活运用来引导观众观察场景、了解剧情。全景视频在水平方向有 360° 的画面内容，在垂直方向有 180° 的画面内容，而人眼在水平方向只有 120° 的视野范围，在垂直方向只有 135° 的视野范围，这导致观众并不能一次性完整观看全景视频的所有内容，也就意味着全景视频的画面很可能会缺少焦点，如果没有适当的引导，观众会非常茫然地观看视频，错过导演想要表达的视频内容。由于传统视频的镜头运用技巧已经不再适用于全景视频，全景视频从业者需要从头探索拍摄技巧，建立新的制作标准。

尽管全景视频的制作过程存在各种各样的挑战，这些都不妨碍全景视频传达它独特的魅力，全景视频的临场感可以帮助观众身临其境地参与到视频场景当中，更真实地受到场景气氛的感染。

对于企业家而言，任何技术都存在优点和缺陷，在技术商业化的道路上，最重要的事情不是克服技术存在的缺陷，而是根据技术的特点扬长避短，打造出恰当的商业化产品，最终被广大消费者所喜爱。

全景视频在录制和表现复杂场景方面不尽如人意，但极强的临场感是全景视频所特有的魅力。从技术商业化的角度来看，成熟的全景视频应该避免表现复杂的场景，多录制一些场景简单、参与感强烈的视频内容。从这个角度来看，演唱会和体育赛场等相对简单的场景非常适合用全景视频的形式表现，观众不太需要四处观看，通常只需要观看正前方的明星表演或体育赛事即可，全景视频可以帮助观众获得身临其境的观赏体验，如果能再加上多人在线观看和语音交流的技术，在全景视频里观看球赛的体验就非常接近于现实赛场里的体验了，如图 8-18 所示。

图 8-18　全景视频可以帮助观众身临其境般参与到演唱会和足球赛场等场景当中

除了演唱会等场景简单的视频内容，有一类视频内容也适合以全景视频的形式表现。全景视频的特点在于全方位地展现场景内容，不放过场景当中的任何一个细节，这一特点导致摄制团队很难在公众场合拍摄出理想的视频内容，随时出现的行人、汽车都会影响拍摄效果。然而，这一特点也导致全景视频所还原的场景非常真实，如果观众对视频场景本身存在兴趣，观众可以非常详细和真实地了解视频场景，这种体验非常接近于我们在旅行时的体验。

因此，全景视频可以帮助观众足不出户就“行遍天下”，从业者可以录制世界各处都市和自然的风景并制作成全景视频，消费者通过这些旅游题材的全景视频非常真实地领略到世界各地的风土人情，如图 8-19 所示。全景视频的摄制团队不用再担心场景视频过于复杂的问题，他们只需要选择一个好天气，在那一天把都市或自然的风景十分详细地录制下来即可。

图 8-19 全景视频可以帮助观众领略世界各地的风土人情

在现实生活中，我们平时所观看的电影有不少使用了计算机特技，甚至有些电影的视频内容全部由计算机生成。如果从更宽泛的概念来看，全景视频不一定非要在现实中录制，也可以是从业者在计算机上通过特技制作出来的。计算机特技的制作成本虽然较高昂，但胜在视频内容的丰富性和多样性，观众不仅可以体验到现实世界不存在或难以达到的场景。通过计算机动画技术，观众不仅可以体验坐在太空飞船驾驶舱里飞向荒芜宇宙的感受，也可以行走在公元 7 世纪的长安街头，感受无数先贤魂牵梦萦的大唐盛世等。

如同 VR 影院一样，全景视频中的场景也可以具备社交属性。人们在线下生活中的社交行为通常发生于咖啡厅、餐馆、公园、电影院等场所，与家人朋友一起欣赏风景也是非常重要的社交形式之一。得益于全景视频的逼真临场感，从业者可以利用全景视频技术打造一些适合社交的场景，为用户提供多样化、个性化的社交环境，使人们打破时空距离的约束，紧密连接在一起。

想象一下，某天你和朋友们约好在 VR 世界里相遇，到了约定的时间点，你们一起出现在火车站台，一边聊天一边等待下一班列车。当列车驶入站台，你和朋友们登上列车，坐在一个车厢包间里。随着列车的前进，你欣赏着窗边风景，和朋友们聊天，或者是进行简单的棋牌游戏。经过两个小时的行驶，列车抵达终点，你和朋友们也开始感到疲倦，你们在火车站台上约定了下次见面的时间，然后摘下了 VR 眼镜，其场景如图 8-20 所示。

在这两个小时的火车之旅中，用户能感受到的社交体验远超过微信聊天或视频通话等即时通信工具所带来的交流体验，即便是与线下社交相比，VR 世界里便捷的相聚方式使用户可以在短

图 8-20　全景视频可以打造一系列真实的社交场所

短两个小时内进行丰富的社交活动，而在现实生活中，两个小时可能还不够生活在大城市的人们出门往返所消耗的时间。此外，由于线下社交受到地理位置的制约，人们无法自由地去任何一个地方社交，而这在 VR 世界里并不是问题，全景视频可以提供丰富多样的场景环境，用户只需要戴上 VR 设备，与朋友们约定好在同一个虚拟环境中相遇即可。

从社交角度来看，全景视频在社交领域的价值也许会超过在内容消费领域的价值，孤独感和存在感永远是人们满足温饱后所必须面临的心理需求，社交行为的快乐也让内容消费过程变得更有乐趣。在之前的分析中我们知道 VR 影院的用户很可能不会只满足于电影观赏的体验，还会追求像弹幕视频一样多人交流的观影环境，基于类似的逻辑，全景视频的观众也不会只满足于消费那些临场感强烈的视频内容，他们很可能更希望和朋友们一起在全景视频里体验足球比赛、参加心爱明星的演唱会、进行一次说走就走的“旅行”。

当然，我们目前探讨的是在虚拟现实行业的早期阶段如何进行商业化运作，这一阶段的特点是虚拟现实技术还存在信息输入和输出上的制约。全景视频本身只涉及信息输出，而信息输出正好也是虚拟现实技术的优势，因此只涉及内容展示的全景视频并不会遭遇太多技术上无法逾越的困难。唯一遗憾的是在全景视频的场景中，用户与用户的交流行为目前只能依靠语音传输技术，在 VR 世界里传达细节丰富的肢体动作和面部表情在短期内还看不到可以被解决的希望。

VR 影院同样面临这个问题，但 VR 影院的特殊之处在于用户的行为还是以观看电影为主，在黑暗的放映厅里用户并不太关注身旁好友的面部表情和肢体动作，在观看电影时不时交流几句即可。在全景视频的环境里，用户与用户之间的社交行为能否只依赖语音交流就能得到满足，目前还是一个问号。因此，全景视频在商业化早期阶段还是以演唱会和球赛等内容消费为主，让用户在体验内容的同时顺便与朋友们进行简单的交流，这种社交方式更切合实际。

综合来看，全景视频虽然存在不少缺陷，但并不意味着没有商业化的可能性。针对全景视频的特点扬长避短，重点突出全景视频的临场感，打造出在体验上可以颠覆传统视频的全景视频内容，相信在初期可以很快获得消费者的喜爱。随着技术的成熟和全景视频的制作标准逐渐完善，将会有更多类型的全景视频面世，最终取代大部分传统视频类型。适当加入社交元素的全景视频也将满足用户的社交心理需求，它将在现实生活之外开辟一类全新的社交场景和社交方式。

8.3 VR 电商

在互联网时代，电子商务已经走入千家万户，成为每一个现代人生活当中不可或缺的一部分。在电子商务网站上购买商品已经成为广大中国网民的消费习惯，电商的便利性覆盖了从城市到乡村的每一位居民。根据艾瑞咨询发布的数据显示，2015 年中国电子商务市场交易规模为 16.2 万亿元，比上一年增长 21.2%。根据艾瑞咨询的预测模型，中国电子商务市场的交易规模还会继续保持高速增长，在 2018 年将达到 27.5 万亿元，如图 8-21 所示。

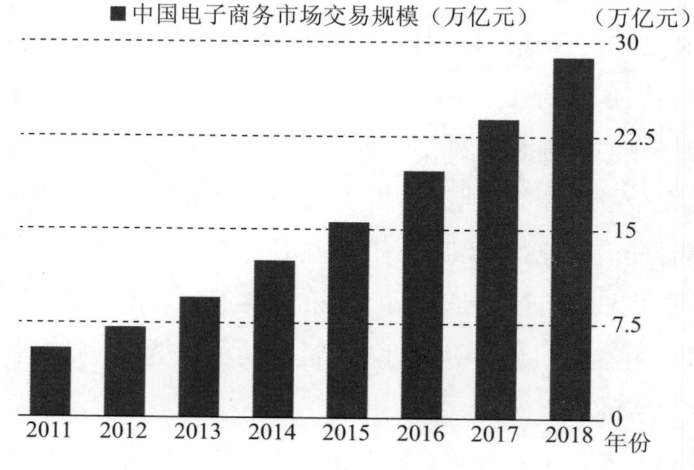

图 8-21　2011—2018 年中国电子商务市场交易规模

电子商务已经成为现代人的一种生活方式，甚至成为一种风尚。阿里巴巴集团将每年的 11 月 11 日定为“双十一购物节”，在那一天，阿里巴巴旗下的淘宝、天猫商场等开启大规模的打折促销活动。经过连续数年的活动举办，双十一购物节已经成为一场全民参与的社会现象，并创造了销售奇迹。在 2015 年 11 月 11 日，阿里巴巴旗下的电子商务网站全天销售额达 912.17 亿元。同年 11 月 27 日，在被称为美国版双十一购物节的黑色星期五当天，美国整个电子商务行业的销售额只有 27.2 亿美元（约合人民币 174 亿元），还不到阿里巴巴集团在双十一购物节当天销售额的五分之一，这还没有算上京东、苏宁易购等其他中国电子商务网站。

然而，电子商务行业在亮丽数字的背后也存在着隐忧。阿里巴巴集团于 2014 年赴美上市，在不到两个月的时间内市值攀升至 3 000 亿美元，成为仅次于谷歌和 Facebook 的世界第三大互联网公司。但是很快阿里巴巴集团就被爆出假货问题，美国投资者对淘宝和天猫平台上屡禁不止的假货现象存在疑虑，最终导致阿里巴巴集团的股价一路下跌，在不到半年的时间里市值蒸发超千亿美元，其趋势如图 8-22 所示。

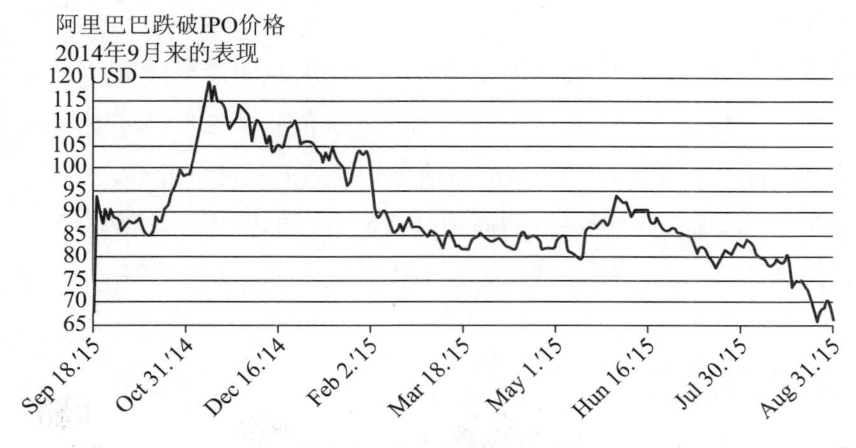

图 8-22 阿里巴巴集团受假货现象困扰，股价一路下跌

众所周知，电子商务在便利性上具有极大的优势，消费者不再需要走出家门就能接触来自全国甚至全世界的商品，海量的商家可以让消费者货比三家，挑选服务。然而电子商务存在的最大问题是消费者无法亲眼看到实物，只能通过商家拍摄的照片来判断商品的质量好坏和真假，而照片通常难以全面反映商品的每一

个细节，并且照片还具有一定的欺骗性。消费者通常只有在商品被快递送到家后，通过亲自检验才能判断商品的质量好坏。虽然阿里巴巴集团引入了顾客评分、投诉退款等制度来约束商家，但不良商家仍然在想方设法售卖假货，阿里巴巴集团很难对600多万淘宝商家一一审核，杜绝卖假货在技术上几乎不具备实现的可能性。

中国另外一家电子商务网站京东为了解决假货问题，直接杜绝个人商家，只与厂商合作。厂商将货物发送到京东，京东在接到消费者订单后再将货物发送给消费者。这种销售模式可以保障商品全部是来自厂家生产的真品，但问题是京东的B2C（Business-to-Customer，从企业到消费者的销售模式）模式杜绝了电子商务的多样性，将广大个人商家拒在门外，这大大减少了京东商城里商品的丰富程度。此外，即使京东商城通过B2C模式解决了假货问题，也无法满足消费者更深层次的需求：更真实全面地了解商品。和所有电商网站一样，京东商城也是通过图片来展示商品，消费者很难真实全面地感知商品的尺寸、外形、颜色、做工细节等信息，更严重的问题是商家展示的照片往往都是经过处理的，许多商品照片已经成为“照骗”，如图8-23所示。

图8-23 电商之痛：消费者只能通过过度PS的照片来了解商品

当前电子商务网站的主战场还是PC和智能手机，展示商品的媒介仍然是2D屏幕，远远不能满足表现实体商品的需求，想要解决电子商务行业已被困扰多年的问题，只有突破2D屏幕的局限，找到更真实的信息传播媒介。市值上万亿元的阿里巴巴集团没有错过任何可能带来变革的媒介技术，并于今年找到了答案：虚拟现实技术。2016年3月17日，阿里巴巴宣布成立VR实验室，并首次对外透露VR战略，阿里巴巴将在内容和硬件上同时推动VR行业发展，加速VR时代的到来。

在内容方面，阿里巴巴推出“Buy+”计划，目的是颠覆现有线上消费方式，引领未来电子商务行业的购物体验。据介绍，阿里巴巴VR实验室成立后的第一个项目即是“造物神”计划，目标是联合商家打造世界上最大的3D商品库，让消费者在VR世界里像现实世界一样进行消费。实验室核心成员之一赵海平表示，“VR技术能为用户创造沉浸式购物体验，也许在不久的将来，坐在家里就能去纽约第五大道逛街。”

目前阿里巴巴的工程师已经完成了数百件高精度商品，下一步将制定标准，为商家开发标准化工具，实现快速批量化3D建模。当成熟、廉价的3D建模方式出现时，商家将很快拥抱这一技术，并把商品通过建模技术上传到VR世界里，VR电商将因此迎来爆发式增长，毕竟每一个生活在现代社会的个体都无法离开电子商务。

根据虚拟现实技术的特点分析，最有可能与VR电商主动对接的传统行业之一是家装行业。根据阿里巴巴发布的数据，中国2015年家装行业市场规模为5万亿元，主要包括家具、装饰、灯饰照明、卫浴等商品，在电商上进行的交易只有2 800亿元，还不到家装市场总规模的6%。从数据来看，电子商务在5万亿元规模的家装市场还有非常大的发展空间，合适的电子商务形态也会促进家装市场规模进一步扩大。

目前消费者在电商网站上浏览家装产品的体验并不好，最大的困扰即是消费者难以生动确切地了解家装产品的形状和大小，难以判断一款家装产品在体积大小和视觉风格上是否都适合家里的环境，消费者往往只能凭借感觉做出模糊的判断。一旦将一款沙发买下并搬到家里，发现沙发的尺寸或风格不太适合家里，再考虑更换或退货的成本就很高了。

借由 VR 技术，消费者可以在 VR 眼镜中准确地了解家装产品的形状和大小，不用再待在计算机屏幕面前凭借想象力去猜测，如图 8-24 所示。这样可以减少消费者花在消费决策上的精力成本，将精力更多地放在家装产品的设计、价格、质量上，更快地做出消费决策，以减少因对产品了解不足而导致的金钱损失。如果 VR 电商能够配备房屋快速建模技术，让消费者以较为简单的方式在 VR 世界里还原住宅的内部环境，那么消费者就可以在 VR 电商应用里将沙发、电视、灯具等家装产品装置在虚拟的住

图 8-24 装修是一件复杂的系统工作

宅模型里，完成整个装修方案的设计。消费者可以像搭配衣服一样很快搭配出自己满意的装修方案，然后一键下单，将整套家装商品买下来。

虚拟现实技术在电子商务领域的应用不仅提升了用户在线上的消费体验，它还将深刻影响现代商业的游戏模式。在当前，一款实体商品从开发到投产的成本过高，厂家推出新产品时通常是慎之又慎，一旦产品推出后的市面反响不如预期，不只是前期研发投入打了水漂，还要面临库存积压等问题。在制造行业，在产品上应用新技术、试探新风格是一项非常冒险的决策，需要背负沉重的压力，每一个决策都有可能为公司带来意想不到的负面效益。

以日常生活中常见的笔记本电脑为例，一台中等配置的笔记本电脑价格普遍在5 000元左右，而对于厂家来说，生产一台笔记本电脑的成本远比几千元高得多。为了生产一台笔记本电脑，厂家必须设计并打造相应的生产模具，机身上大部分组件都是通过模具生产并组装的，模具的好坏直接影响着生产良率和装配质量等问题。综合算下来，一套笔记本电脑的模具价格通常在百万元上下，这还只是塑料材质的笔记本，对于金属机身的笔记本电脑，其模具成本要更高，并且良品率更低。

也就是说，厂家推出一款全新的笔记本电脑时，必须要保证十万台以上的销量，才能将研发成本降低到每台10元左右。在这种销售目标的压力下，厂家在产品研发和商业策略上必然倾向保守，当一款笔记本电脑获得市场欢迎后，厂家往往会继续使用同样的模具打造多款类似的产品，甚至会连续多年使用同一款模具，以保障产品的销量，摊低研发成本。这种决策逻辑带来的结果就是厂家推出的产品在外形设计和技术上没有新意，很快被消费者厌倦。

然而，在计算机中完成产品的3D建模是比较容易的，比起生产模具的制造成本，3D建模成本几乎接近于零。通过虚拟现实技术，消费者可以感知到一款新产品的材质、外形甚至是细腻的光泽，只要厂家在3D建模时加入足够详细的产品细节。借助3D建模技术和虚拟现实技术，厂家可以用极低的成本快速推出多款商品，了解消费者的反馈，得到产品设计的修改建议，并快速更新和迭代，最终将打磨成熟的产品投入生产，面向市场。

英国曼彻斯特的一栋建筑还在建造当中，一家创意公司已经通过在计算机上完成了该建筑的3D模型，用户可以通过VR眼镜亲身体验这栋还未完成的建筑，如图8-25所示。对于建筑开发商来说，让潜在商户提前感受建筑的环境，在建筑内走动，将有助于建筑的销售。虚拟现实技术更重要的意义在于房产开发商可以在数亿元开发成本投入之前就能了解潜在购房者的消费需求，

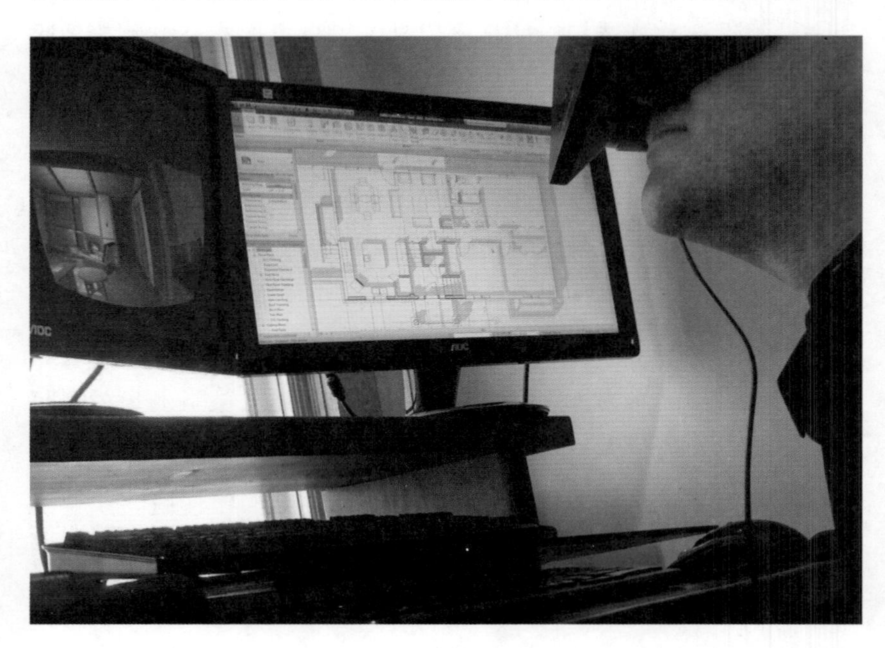

图 8-25 VR 技术可以通过计算机建模还原建筑方案

并根据需求快速调整建筑方案，最终拿出一个受到市场欢迎的方案。在这项技术出现之前，房产开发商只能通过计算机模型照片、沙盘模型等模糊的表现方式让潜在消费者大概了解建筑，并通过打造样板房让消费者详细了解建筑内部。由于样板房的建造成本十分高昂，开发商不可能打造多款样板房来试探消费者需求，消费者对一种建筑方案不满意，只能继续去别的楼盘试试运气。

人们都知道，互联网行业比其他行业更注重用户体验，每一家互联网公司都把用户体验奉为至尊真理，不注重体验的公司也将很快被用户所抛弃。为什么互联网行业会出现以体验为核心的残酷竞争局面？原因是互联网行业的产品通常是网站、软件等虚拟产品，产品的更新迭代成本比制造业要低得多，一款产品在上线后可以很快根据用户反馈进行调整。对行业从业者而言，搜集用户反馈，并在下一个版本中改进产品，已经是金科玉律般的标准模式，谁能最快地抓住用户需求、更新产品，谁就更有可能存活下来。

传统制造行业由于一直高昂不下的产品研发成本，导致厂家无法真正做到以体验为核心，跟随用户体验快速改进产品。在这种制约条件下，传统制造业在商业策略上几乎不约而同地倾向于保守。保守的结果就是同一行业的产品高度同质化，从业者的竞争通常不是产品体验的竞争，往往是价格战和宣传战，而这些都和产品本身没有太大关系。以价格战和宣传战为主导的竞争局面导致传统制造行业通常是寡头公司的搏杀游戏，小公司和个人作坊根本无法在价格战和宣传战中存活下来。以饮料行业为例，可口可乐公司每年在全球投入的广告费用高达 6 亿美元，几乎扼杀了小厂家的生存空间，实际上饮料行业的技术门槛并不高，非常适合一众的小厂家打造一系列个性化的口味饮料，满足不同消费者的需求。实际上，我们在日常生活中所使用的消费品，大部分是由少数巨头公司所把控的品牌，极少会来自不知名的小公司。

而 VR+ 电商的组合将会彻底改变这一局面，传统制造行业的大部分领域都将转变为以体验为核心的竞争局面，从业者必须像互联网行业学习，尊重用户的每一次反馈，认真挖掘用户需求，快速跟上用户需求的变化。这对大公司来说并不是一个好消息，大公司也无法保证自己能时刻抓住用户需求的变化，总会有“漏网之鱼”的需求被小公司甚至是个人所抓住。而且，大公司较臃肿的组织结构和缓慢的决策流程导致大公司在产品迭代上很难追得上小公司的脚步，一不留神就会被小公司甩在身后。在互联网行业，没有哪一家巨头公司能宣布自己高枕无忧，国内的百度、腾讯、阿里巴巴和国外的 Facebook、谷歌等互联网巨头公司每年都要投入数十亿元甚至上百亿元用来收购创业公司，来弥补自身业务的不足。这种做法的理由如下所述。

这种商业模式的改变会促使大公司进行转型，像互联网公司一样追求扁平化的组织形态和以自由创意为核心的公司氛围。改变组织形态和氛围无法通过规章制度实现，从业者必须从价值观念上做出改变，从内心深处真正认可人人平等的组织关系和尊重想法的思想环境。公司作为现代社会最重要也是最普遍的组织形式，其价值观念的改变也许会潜移默化地影响社会主流价值观念。

对于消费者而言，VR+ 电商的时代是最大的福音，百花齐放的消费时代即将来临，消费选择数量大大增长，消费者不仅可以根据需求甚至是心情选择商品，也可以向厂家发出你的声音，表达你对产品的需求，给出产品建议。巨头公司高高在上发布产品并通过广告传媒对大众洗脑的时代将要结束，如果不能更快速、更准确地抓住用户需求，巨头公司也会被一群小公司从宝座上踢走。

8.4 VR 教育

每一个生活在现代社会的人都明白教育的重要性，高度发达的分工协作体系对每一个社会公民都提出具备专业技能的要求，而随着经济发展，公司对每个人的技能水平要求也越来越高，为此，接受教育不只是校园学生的任务，也是每一个走入工作的社会公民的需求。

教育产业有多大？也许会超出你的想象。根据国际著名基金公司 GSV Capital 发布的教育产业报告，全球教育市场规模将在 2017 年达到 63 725 亿美元，其中在线教育市场规模将达到 2 555 亿美元。从增速来看，2012—2015 年全球教育市场规模增速为 7.37%，而在线教育市场的这一指标达到了 22.35%，显然互联网教育市场的增速已经远远超过传统教育。

中国教育市场也在这几年迎来爆发式增长，根据华泰证券发布的教育行业研报，中国教育培训市场规模将在未来几年内超过一万亿元，其中互联网教育市场规模已经超过千亿元，并连续多年保持 20% 以上的高速增长。图 8-26 反映了 2000—2015 年中国教育培训市场规模趋势图。

根据预测，随着我国信息化程度不断提高，在线教育行业的市场规模在未来将呈加速增长的趋势。根据知名数据挖掘机构艾媒咨询（iiMedia Research）发布的数据显示，中国在线教育市场规模将在 2018 年突破两千亿人大关，在线教育用户规模也将在届时达到 1.3 亿人。

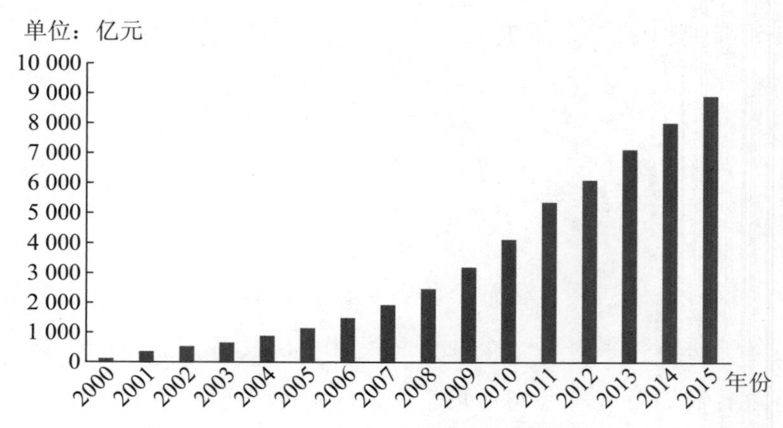

图 8-26　2000—2015 年中国教育培训市场规模

资料来源：2014 年中国教育市场发展报告 . 华泰证券研究所。

从数据来看，中国教育产业的黄金时代才刚刚开始，基于教育服务的商业模式还存在较多的机会。虚拟现实技术作为革命式的媒介手段，自然也不能错过兴起于多媒体时代的在线教育浪潮。

传统教育模式仍然是以教师面授为主，一位老师面向数十位学生进行知识传授，有限度地加入了 PPT、视频等多媒体内容作为教学内容补充，如图 8-27 所示。这一模式在互联网普及之前几乎是唯一可靠的教育模式，知识和技能中有相当大的部分是难以通过文字和照片详细表达的，而且不同学生的理解能力也有差别，优秀的教师可以通过丰富的经验和技巧向学生转述知识内容，达到理想的教育结果。

然而，这种教育方式非常依赖于教师本身的实力水平，优秀的教师可以让学生事半功倍的快速成长，缺少经验的教师可能对学生的学习过程没有显著帮助。而优秀教师的数量有限，在由市场定价格的现代社会，优秀教师往往被集中于大城市中的少数优秀学校，只为少数学生提供教学服务，绝大部分的学生仍然无缘接触优秀教师。

图 8-27 传统教育的核心教学模式是当面传授

这种由经济发展差异和贫富差距导致的教育资源分配不均很难被改变，因为优秀教师也是社会分工协作体系的一分子，他们也面临生活带来的经济压力，没有理由离开大城市和名校，放弃市场给予的合理薪水。在落后地区经济状况难以改善的局面下，通过互联网技术共享优质教师资源是一种促进教育资源平等分配的可行方案，因为互联网技术的特点是跨越时间和地域的，优质教师所面向的学生数量可以被互联网教育平台放大，落后地区的学生们只需要通过计算机和宽带就能获取到一线优秀教师的教学内容。

从互联网教育行业近年连续保持高速增长来看，大众对获取优质教育服务的需求是非常旺盛的。然而，基于计算机和手机开展的互联网教育，应用场景还相对有限。线下教育之所以普遍采用当面口授的形式，是因为教育过程有大量知识是通过生动的口语信息传递的，教师的表情、语调和肢体动作都影响着知识传授的效果。计算机或手机的液晶屏幕并不足以生动形象地传递丰富口语信息，优秀教师的传授表现经过传统屏幕播放后的教育效果大打折扣，唯有更逼近真实的信息传递媒介才能解决这一问题。

目前最有可能打破互联网教育困境的还是虚拟现实技术。随着软硬件技术的进步，在可以预见的若干年内，虚拟现实技术将能给用户带来真假难分的沉浸式体验。这一技术可以被应用于表现教师的口授教学，让欠发达地区的学生们也能像大城市的学生一样“当面”接受优秀教师的口授教学。从优秀教师的维度来看，教育资源的分配将变得更平等，所有人都有机会接触到最优秀的教师。

教育资源除了指教师数量和水平之外，还包括课堂之外的一系列教育活动。发达地区和城市的中学可以让学生操作显微镜观察微生物、亲自动手进行各种物理化学实验等，这些教学设备和实验材料都需要相应的教学经费，对于欠发达地区的部分学校而言还是一笔难以承担的巨款。此外，在名牌大学中很常见的生化设备和工程设备给学生的学习带来了很大的帮助，但这些设备有不少比例是进口自国外，价格通常是天文数字，非名牌大学通常没有足够的教育经费来承担这笔费用。

如果只是从教学而非科研的角度来看，一些设备并没有采购的必要。让学生在十分真实的 VR 世界里模拟操作实验，观察实验现象，已经足够满足教学需求。也就是说，VR 设备也能很好地缓解实验设备等硬件教育资源的分配不均，只有科研级别的硬件需求才无法使用 VR 设备代替。

当然，虚拟现实技术的核心优点是空间信息表现能力强，用户可以非常真实和详细地观看一件由计算机代码组成的虚拟物品，并可以通过简单的操作去拆解它，观察物品内部的详细构造。这一技术非常适合用于教育学生理解一些复杂的机械结构和物理运动规律，从真实、详细的观摩中对机械结构和物体运动产生深刻的认识，如图 8-28 所示。比如许多工程专业的学生在第一次学习发动机的结构和原理时经常会感到费劲，因为发动机通常是由两大机构和五大系统组成的，包括曲柄连杆机构、配气机构、燃料供给系统、润滑系统、冷却系统、点火系统和起动系统，涉及令人眼花缭乱的机械机构，工作原理和过程也十分复杂。书本显然是无法承担如此复杂丰富的信息量，学生们在阅读教科书上对发动机结构和原理的描述时，只能依靠大脑艰难地进行想象。

图 8-28　发动机的机械结构十分复杂

通过虚拟现实技术，教育机构可以在计算机中建立发动机的三维模型，让学生在 VR 设备中详细观摩，并“动手”拆解发动机的每一个零件，或者是从一个个独立的零件组装成一台发动机，最终让学生在反复的观察和“动手”组装过程中深刻了解发动机的机械构造。最后，结合发动机工作状态的动画演示，让学生对发动机的工作原理产生非常真实的理解。

除了科学知识的学习，VR 技术还能帮助学生更好地了解人文知识，提升艺术素养。语文课和历史课对很多中学生而言非常枯燥，缺少乐趣，学生很难通过文字和图片就能感知到“大漠孤烟直，长河落日圆”的雄壮气势，又或者是领悟到春秋时代百家争鸣时的自由气氛。通过 VR 设备，学生们可以体验每一个由教育行业从业者精心制作的历史场景，非常真实地感受特定环境，从而理解诗词作者或历史人物在特定瞬间的特殊感受。在未来，学生们可以借助虚拟现实技术“出现”在滕王阁，如图 8-29 所示，领悟诗人王勃在一千多年前所看到“秋水共长天一色，落霞与孤鹜齐飞”的美景。这种非常真实的媒介技术可以打破时空约束，让学生更真实更自由地接触文艺作品，理解历史事件，最终提高人文素养。

总结来说，虚拟现实技术在教育上的应用是非常有意义的，它能传达比书本文字更有表现力的知识内容，让学生更轻松地接受知识教育，同时虚拟现实技术跨越时空的特点也能促进教育资源分配更加平等，让落后地区的学生也能得到优质教师的口授教育，获得更多实验机会。当虚拟现实技术在教育行业得到广泛且

图 8-29 “秋水共长天一色”的滕王阁

深入的应用，势必会对现有的教育格局产生革命式的改变，对社会观念的冲击也才刚刚开始。

虚拟现实技术可以让优质教育资源覆盖到每一位中国青少年，让所有学生都能享受到几乎完全平等的受教育机会，最终极大地提高中国年轻群体整体受教育水平。教育是一个国家和社会持续进步的根源动力，中国也是世界上最注重教育的国家之一，让每个人都能享受到优质的教育，是整个华夏社会的追求和梦想。然而，虚拟现实技术在教育行业的普及可能比大众想象得要快，如果社会没有做好相应的准备和改变，也许会带来意想不到的负面结果。

法国社会心理学家古斯塔夫·勒庞（Gustave La Bon）在那本著名的《乌合之众》中描述了1895年的法国现况，法国在推行免费义务制教育后，法国年轻人的受教育水平大幅提高，而法国当时的工业化进展还比较缓慢和沉重，法国社会并没有准备好足够的工作机会，而那些接受过教育的年轻人又不愿意去当工人或农民，最终导致法国社会有成千上万的大学毕业生在争夺一个最平庸的公务员职位，仅塞纳一地就有几千名男女教师失业。

于是，法国政府通过最好、最普及的教育培养出了一大批有文凭的年轻人，然而法国社会却只能吸纳一小部分，让大部分大学生无事可做，成为悲惨的无产阶级，最终成为社会不稳定因素。根据当时的数据统计，受过教育的罪犯数量是文盲罪犯的三倍，高文凭的普及并没有促使社会变得更美好，反而导致了一代人的悲剧。

如果虚拟现实技术促进了优质资源的平等分配，那么还会有人愿意去职业学校学习专业技能吗？它很可能会进一步促进年轻人涌向大学，追求象牙塔顶尖的真理和知识，而社会还难以在短时间内提供数倍于以往的高端工作职位，那些受过高等教育的年轻人是否还能接受在工厂流水线上工作？这些在将来极有可能遭遇的问题将会考验整个社会。

无论是在中国还是美国，让孩子接受高质量教育的成本都是高昂的。在美国，让孩子去一所一流私立中学就读需要承担每年 5 万美元左右的学费；在中国，让孩子在一线城市就读一流的中学，需要购买均价超过 10 万元每平方米的学区房，还要受到户籍制度的限制……大量家庭已经在孩子教育上投入了难以想象的金钱，如果虚拟现实技术打破了教育资源的不平等分配，这些家庭花费天价才获得的教育资源就能被所有学生轻易获取，他们能否平静地接受这个现实？学区房的资产价格也将遭遇严重缩水，这可能会导致许多家庭的财富蒸发，陷入债台高筑的悲惨境地，如图 8-30 所示。

虚拟现实技术在教育行业的应用会导致学校存在的意义越来

图 8-30　一线城市学区房的价格已经是天文数字

越弱。随着虚拟现实技术的不断发展，VR 设备能够传递的信息越来越丰富、真实，学生通过 VR 设备就能完成大部分甚至是所有的学习任务，这导致学生对校园的依赖也就越来越小。如果大部分学校都被 VR 教育所取代，围绕校园的一系列就业岗位也将消失。根据中国教育部发布的《2014 年教育统计数据》，中国各级各类学校的专业教师数量为 1 515.3 万人，如果 VR 教育能够得到普及，广大学生只需要接受少数优质教师的口授教育，这导致大部分教师将被无情淘汰，超过一千万人面临失业困境。届时，整个社会是否做好了吸纳上千万名失业教师的准备？这一切还都是未知数。

这是否意味着我们要拒绝在教育行业使用虚拟现实技术？历史上存在似曾相识的情景：在工业革命初期，一群被机器取代工作的工人愤怒地砸毁机器，试图阻挠新技术的应用，这种对抗机器、对抗新技术的暴乱持续了相当长的一段时间。当下的我们都会认为砸毁机器的行为是荒诞愚昧的，阻碍革命性新技术的来临根本是异想天开。然而，当人置身于当时的情景中，自身的利益正在遭受侵害时，谁也无法坦然的接受新技术对自身带来的无情伤害。

当然，绝大多数分析指出，除少数优秀教师之外，未来教育还是需要更多的助教学生导师类的老师，教师讲授角色可能会有所变化，大面积失业不太可能发生。那么，人们究竟应该以什么样的态度面对 VR 教育？我们也许可以从生活在春秋时代的道家创始人老子那里获得答案。现有的教育系统在 VR 教育面前无疑是非常落后的，注定要被 VR 教育或更高级的教育形式扫进垃圾桶。然而，现行教育模式已经持续了数百年的时间，人类社会也基于该教育模式衍生了相应的组织结构、工作机会、社会理念等。贸然打破现有教育行业局面，并不会将社会立刻推向进步，而是带来混乱和麻烦。面对 VR 教育，最理智的态度就是顺其自然，社会不需要把 VR 教育当成万能良药去过度追捧，也不必对 VR 教育心怀戒备，更不必用行动抵制。相信 VR 教育的自然会去使用，相信传统教育模式的自然不去关心 VR 教育，在持续若干年的教育模式转型过程中，让社会的每一位成员都逐渐做出自己的选择，最终适应 VR 教育的存在。到了彼时，整个社会再轻装上阵，接受全新的教育模式。

8.5　VR 游戏

VR 游戏是大众消费者最容易理解的 VR 应用，也是看起来距离金钱最近的一个方向。无论是资本界的投资人，还是普通的大众消费者，所有人都在期待着优质 VR 游戏的诞生，彻底挑战他们的感官极限。在大众消费者的期待中，VR 游戏可以帮助每一位玩家走入好莱坞大片中的世界，像电影主人公一样经历眼花缭乱的惊险场面，让视听感官得到极大的刺激和满足，如图 8-31 所示。

图 8-31　在大众的期待中，VR 游戏可以让玩家体验到好莱坞大片的视听体验

随着科技的进步，我们有理由相信大众期待的真实 VR 游戏体验一定会实现，并且会像电视机一样普及到每一个家庭。然而，当下的 VR 技术还存在不少的体验缺陷，想让用户完全沉浸在真假难分的 VR 世界里，目前还不太可能。

当前，VR 技术在体验上最明显的缺陷就是糟糕的显示效果。根据 AMD 公司发布的虚拟现实分析报告，至少要 16K 分辨率的电子屏幕才能“欺骗”用户的眼睛，达到以假乱真的视觉效果。想要在 VR 设备里装下 16K 分辨率的屏幕，对技术的挑战非常大，可以说，短期之内还看不到成熟的解决方案。如果往后退一步，8K 分辨率的电子屏幕还能提供可以接受的画面清晰度，那也要等到 2020 年才有希望实现 8K 屏幕量产。也就是说，在 2020 年之前，消费者能接触到的 VR 设备所提供的画面清晰度仍然不尽人意，难以实现以假乱真的视觉体验。

VR 游戏除了要看得爽，更重要的是能玩得爽。所谓“玩”游戏，就是通过一些设备操纵游戏内容。在 PC 上，玩家用鼠标和键盘“玩”游戏；在手机上，玩家使用手指触摸屏幕来“玩”游戏；在游戏机上，玩家使用手柄“玩”游戏……那么在 VR 系统中，玩家使用什么来“玩”游戏呢？

当前 VR 技术正在致力于实现真假难分的视觉体验，以目前显示技术的发展速度来看，这一目标在数年内就能实现。然而，针对 VR 系统的信息输入技术还处于较为原始的状态，还远不能像显示技术一样提供“真假难分”的体验。在前文中已经提到，VR 系统的信息输入技术正面临着巨大考验，用户戴上 VR 眼镜后，会出于本能地伸出双手、迈开双腿去探索 VR 世界，而精确到肢体动作的信息输入方式此前主要用于电影特技等专业领域，在大众消费市场领域，我们所看到的只有键盘、鼠标和手柄等基础信息输入设备。

如果一家 VR 游戏公司对玩家说："我们为你准备了一款非常真实的 VR 跑步游戏，但是你得坐在椅子上用手柄玩"，玩家能被打动并掏出钱包埋单吗？我看很难。VR 系统的信息输入方式必须足够接近真实，甚至要真假难分才能接受大众消费者的严苛考验，然而能够满足要求的信息输入技术目前还停留在理论上的讨论，目前还很难确定理论上的最佳方案。即使这类技术能够在近年内出现，距离完全成熟并大规模普及也仍然很遥远。以具有半个多世纪历史的游戏手柄为例，微软公司为其游戏主机 Xbox One 配备的游戏手柄研发费用超过 1 亿美元，才能提供舒适的手感和一流的操作体验，并且在价格成本和质量可靠性上都做到优秀。同样地，针对 VR 系统的信息输入技术不仅要在体验上接受严苛考验，还要保证价格的足够低廉、质量的可靠性等所有大众消费品都要面临的问题，所以短期内恐怕还难以见到完全成熟的 VR 信息输入解决方案。

既然 VR 技术还存在许多短期内难以解决的缺陷，是否就意味着 VR 游戏在近年内不具备商业领域的价值？在电子游戏领域，结论并不能得出的太绝对。诞生于 1985 年的电子游戏《超级马里奥》曾经风靡全球，影响了全世界的"80 后"和"90 后"，给他们的童年带来许多难忘的乐趣，如图 8-32 所示。这款游戏在今天看来，从各个角度都显得十分原始，没有解析度可言的马赛克画面，简陋至极点的音乐效果，单调的游戏操作方式等一系列在今天足以判一款游戏死刑的缺点。然而，就是这样一款在今天看起来简陋到有些不可思议的游戏为任天堂公司带来了巨大的商业成功和声誉，《超级马里奥》在全世界销量已经突破 3 亿套，成为游戏销售史上的神话。

图 8-32 《超级马里奥》用接近于简陋的视听形态征服了全世界玩家

实际上，《超级马里奥》的成功在于设计师在技术局限的范围内尽可能地注入了艺术心血和创意，这些创意让《超级马里奥》经得起反复体验，经得住时间的考验，最终成为一代人的经典记忆。《超级马里奥》给 VR 游戏从业者的启发是游戏的魅力不一定要靠感官轰炸才能实现，通过创意设计也能带来愉悦的游戏体验。

对 VR 游戏行业来说，在信息输入手段缺失的情况下，研发对信息输入依赖程度较低的 VR 游戏更切合实际。因此，VR 游戏的魅力不能只依靠视听感官的轰炸，还要想办法加入其他因素吸引玩家，而这些因素通常需要聪明的创意设计。

以曾经风靡全国的偷菜游戏为例，这款游戏的玩法十分简单，玩家可以在一块虚拟农田上播种种子，经过一定时间后可以收获农作物，如图 8-33 所示。这款看起来平淡无奇的游戏，居然在一夜之间席卷整个中国，无论是学生白领还是中年妇女，每天都要打开计算机玩偷菜游戏，每天也要和周围人讨论这款游戏，偷菜游戏俨然已经成为一种社会时髦。

偷菜游戏的成功秘诀就在于游戏设计师为游戏加入了社交属

图 8-33 形态简单的偷菜游戏曾经风靡全国

性，玩家可以去朋友的虚拟农田“偷菜”，并获得相应的虚拟农作物。这样一个简单的玩法，一下子点燃了全国网民的热情，熟人之间互相偷菜已经成为一种社交互动的方式，也为大家创造了聊天话题。为游戏恰如其分地加入社交因素，是偷菜游戏火遍全国的核心原因，游戏设计师创造性地为游戏加入了社交属性，使偷菜游戏在没有任何视听体验刺激的情况下征服了无数玩家，在这一点上，偷菜游戏非常值得 VR 游戏设计师借鉴。

比起 PC 或游戏机上的游戏，手机游戏对 VR 游戏行业的启发意义更大。与手机相比，PC 和游戏机通常具有更强大的计算能力，配备了更大的屏幕和专业的游戏手柄等输入设备。从视听体验的角度来看，手机游戏的表现力是非常差的，完全无法与 PC 和游戏机上的游戏大作相比，然而，手游设备已经是全球玩家最多的平台，手游玩家数量早已超越 PC 和游戏机玩家总数，手机游戏已经成为最重要的游戏市场。在技术成熟之前，VR 游戏和手机游戏所面临的局面其实非常相似：视听体验很难超越主机游戏，输入方式也不太理想。那么，手机游戏是如何从 PC 和主机游戏里抢夺玩家的呢？

手机游戏火爆的原因之一是手机便携的特点使玩家可以随时随地玩游戏，而主机游戏必须要回到家中才能玩得到。手机极大地拓展了玩家的娱乐场景，玩家可以在上下班的公交车、旅途火车、机场等候大厅等场所玩手机游戏。然而，便携性并不是手机游戏吸引了大部分玩家的唯一原因，玩家玩游戏的根本原因还是因为游戏充满乐趣。手机游戏在难以提供视听感官刺激的情况下，选择融入创意设计来提升游戏体验，增加游戏乐趣。以风靡全球的手机游戏《愤怒的小鸟》为例，如图 8-34 所示，这款来自芬兰的手机游戏创造了数十亿次下载的奇迹，为游戏开发商 Rovio 公司带来了响遍全球的美誉和上亿欧元的利润。

《愤怒的小鸟》在视听体验上根本无法与《使命召唤》等主机游戏大作相比，《愤怒的小鸟》只是一款卡通风格的 2D 画面游戏，游戏的玩法也十分简单，玩家拖动弹弓将小鸟发射出去，让小鸟击中全部的小猪就算胜利。然而，这款游戏和《超级马里奥》类似，游戏设计师在每一个细节都加入了独到的创意设计，从音乐效果到卡通形象再到镜头动画，都充满设计师的创意和心血。

图 8-34　手机游戏《愤怒的小鸟》拥有数十亿次的下载量

所以，短期内 VR 游戏的确面临着技术不完美的局限，但这不意味着 VR 游戏在技术成熟之前就不具备商业价值。通过精巧的创意设计，可以为形式简单的游戏赋予无穷的魅力。VR 游戏设计师尽可能地发挥创意，为游戏倾入更多的艺术心血，让游戏散发出视听体验之外的魅力。

8.6 线下体验店

目前 VR 设备在商业化上最大的障碍即是高居不下的价格成本。VR 眼镜通常只是显示器，不承担计算任务，VR 眼镜往往需要一台计算机配合才能使用，如图 8-35 所示。如果为了追求较好的体验，VR 系统需要一台顶级配置的计算机来承担计算任务，一整套 VR 设备的硬件成本要超过 1 万元人民币，这对于绝大部分家庭来说都不是小数字，目前 VR 产品的体验还不足以让大众消费者掏出上万元去消费。

图 8-35 VR 系统对电脑性能的要求非常高，推高了一套 VR 设备的成本

在硬件成本随着摩尔定律降低之前，VR 设备不太可能取得较大的销量。如果为了追求价格的低廉，只能通过大幅牺牲 VR 设备的体验来实现，而这也失去了 VR 设备存在的意义，因为 VR 技术的核心卖点即是出色的视听体验。类似的局面也曾发生在 2000 年的中国，当时计算机已经开始展现多媒体技术的魅力，许多年轻人已经开始接受计算机甚至沉迷计算机。然而，当时一台主流配置的计算机价格在 5 000 元上下，而 2000 年中国城镇居民的人均可支配收入才只有 6 280 元，一台计算机在当时是绝大部分家庭都难以承担的贵重物品。在这种背景下，大众消费者并没有放弃对计算机的追求，为大众提供计算机使用服务的网吧应运而生，如图 8-36 所示。

网吧通常是由数十台到上百台计算机组成，网民需要使用计算机的时候只需要走进网吧，支付每小时三五元的费用即可。网吧这一模式在计算机价格高昂、人均收入大幅提升之前有效满足了大众对计算机的使用需求，它是计算机从专业领域迈向大众消费领域的中间形态，催生了巨大的商业价值，在当时有无数网吧

图 8-36　从 2000 年左右开始，为大众提供计算机使用服务的网吧火遍全国

业主通过开网吧赚到了人生第一桶金。根据媒体报道，在网吧的黄金时代，一些煤矿主都改行开网吧。

VR 产品目前也处于价格高昂、大众消费者难以承担的状态，而 VR 技术的魅力又让人很难拒绝。在即将被点燃的 VR 需求面前，网吧模式对 VR 从业者具有重要参考意义，这是在用户需求和价格成本之间权衡得到的商业模式。目前，在一些大城市已经可以见到线下 VR 体验店，一些创业者也开始注意到这一领域，如图 8-37 所示。

然而，在当前开一家 VR 游戏体验店，可能会面临一些不小的考验。Facebook 收购 VR 公司 Oculus VR 是在 2014 年 3 月，当时 Oculus VR 公司还没有正式推出可以面向大众的 VR 眼镜，消费者版一直到 2016 年 3 月才开始公开发售。与性能普遍过剩的 PC 不同，VR 产品目前还处于硬件层面日新月异的阶段，巨头科技公司还在试探各类技术方案，硬件迭代速度非常快。如果一

图 8-37 VR 体验店在大城市遍地开花

家线下 VR 体验店想要给玩家提供优秀的体验，硬件设备就必须快速更新，可能要保持一年更新一次的频率。这对线下体验店的盈利能力提出了巨大的考验，如果每年的盈利不能覆盖营业成本和硬件更新成本，线下体验店及衍生产业的商业前景就非常值得怀疑。

除了设备更新成本，线下体验店还要考虑非常现实的营业成本。除去硬件损耗和更新带来的成本，线下体验店在营业过程中的成本主要来自租金，如何在有限的空间内尽可能地提高消费次数和消费金额，是每一家线下实体店都要关心的问题。网吧的特别之处在于单台计算机的占地面积非常小，顾客只需要坐在计算机桌前即可，一间中等面积大小的商店可以容纳数十台计算机和数十名顾客，商店面积利用率非常高。

然而，VR 体验店的情况就没有那么理想，用户在体验一套 VR 设备时通常伴有肢体动作，甚至需要四处走动，这导致顾客在线下 VR 体验店中体验一套 VR 设备时所需的面积远远大于网吧里的计算机，一间能容纳数十台计算机的商店也许只能容纳寥寥几套 VR 设备，极大降低了商店面积的利用率。

面对这种情况，线下体验店分别有两种应对方案：第一种方案是抬高消费价格，将单次体验的价格提高到五十元甚至更高；第二种方案是限定 VR 体验类型，让消费者坐在特制的椅子上戴上 VR 眼镜体验 VR 内容，大大减少顾客体验一套 VR 设备所需要的空间面积。就目前来看，这两种方案都不太能让 VR 体验店走得长远。

目前，在 VR 体验店单次消费的时间是 5 ～ 10 分钟，而价格却达到数十元人民币，如此高昂的定价导致顾客对在 VR 体验店消费的态度只能是“尝鲜”，VR 体验店无法像网吧一样成为非常重要的日常娱乐方式。当然，大城市居民很乐意花上几十元钱尝尝鲜，接触一下新鲜事物，这使目前为数不多的 VR 体验店还能拥有不错的生意，但是当大众尝鲜的兴奋劲儿消去，VR 体验店还能否拥有火爆的生意？这是每一家 VR 体验店的店主都要考虑的事情。

至于限定 VR 体验类型，让顾客坐在椅子上体验 VR 内容，也不是一个好主意。这种方案属于让顾客被动式体验 VR 内容，顾客能否愿意重复埋单，取决于商家能否提供源源不断的 VR 内容并持续刺激顾客的感官。毕竟顾客在 VR 设备上"不能动"，只能被动体验，这大大减少了 VR 产品的乐趣。这类 VR 体验店在新鲜感褪去后还能否继续抓住顾客的心，也是从业者需要研究的问题。

在大众对 VR 技术还抱有新鲜感的时候，VR 体验店会备受青睐；在新鲜感褪去之后，VR 体验店能否解决服务价格、租金成本、硬件更新成本和内容体验等问题，将是 VR 体验店走向长远的关键。就目前来看，VR 体验店所面临的问题并不轻松，不能想当然地把 VR 体验店比作 2000 年的网吧，只要营业就能赚钱。

第9章 协作时代

随着 VR 技术的不断发展和商业化进程的不断推进，VR 产品会在不远的将来成为手机一样人人必备的消费品。届时，VR 产品已经能够一定程度地捕捉用户的肢体动作和面部表情，在 VR 世界里与他人交流的体验变得可以接受，也具备了更广阔的应用场景。

在这一阶段，VR 技术的影响开始扩散到娱乐应用之外的领域。VR 技术本身是一种革命性的信息传播媒介，它像手机一样，最核心的功能是人与人之间的信息沟通，当虚拟现实的技术水平和商业化进展都达到一定高度时，它将在信息传递上发挥重要影响，改变人与人之间的协作方式，提高整个社会的协作效率。

9.1 基础通信：新时代的微信

微信是腾讯公司于 2011 年推出的一款手机通信软件，它不仅支持通过网络发送文字、图片、语音短信，还支持通过网络进行视频通话，如图 9-1 所示。除了基础通信功能，微信在近年的

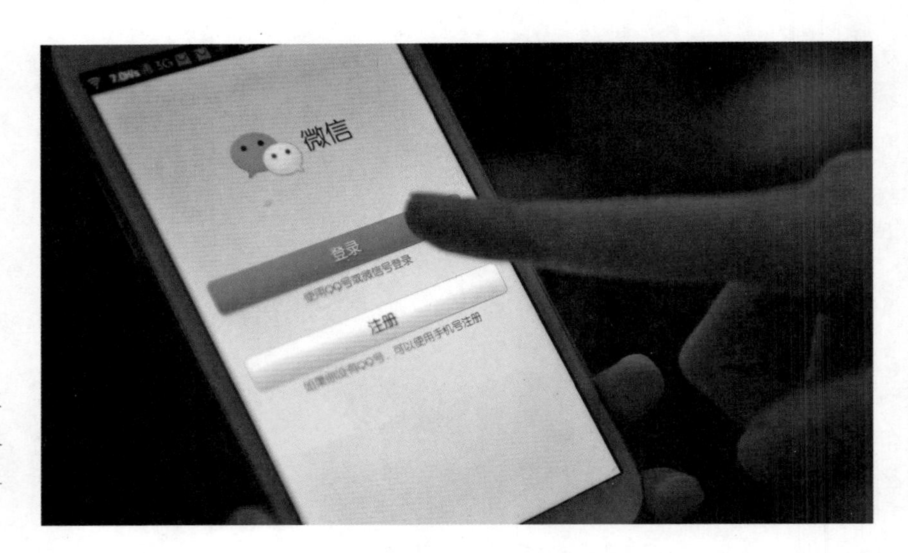

图 9-1　微信在短短几年间取得了难以想象的巨大成功

版本迭代中逐步加入了社交平台“朋友圈”、信息服务平台“公众平台”以及网络支付等功能。截至 2016 年第一季度，微信月度活跃用户数已达 7 亿，用户覆盖 200 多个国家，微信已成为世界上最重要的通信软件之一。

根据汇丰银行于 2015 年 8 月发布的报告显示，微信的市场估值高达 836 亿美元，几乎是同时期腾讯市值的一半。作为一款手机通信应用，微信这一估值高于招商银行市值，等于两个美国通用汽车公司的市值之和。如果微信以独立公司的身份在 A 股上市，它将是市值排名第九的公司，仅次于石油、银行、保险等巨无霸国企。

微信为何能在短短几年内取得如此高的估值？这就是互联网时代基础通信工具所具有的独特魅力。手机从诞生之日就服务于用户的通信需求，随着手机价格的廉价化，在智能手机时代的来临之前，手机就已经在中国实现了相当程度的普及。随着智能手机时代的到来，手机通信软件凭借更廉价、更方便的通信功能逐渐取代了传统的电话和短信功能，手机通信软件已经像电话短信功能一样成为智能手机的标准配置。微信在风口来临之际，凭借腾讯公司强大的资源和独特的社交基因，一跃成为智能手机时代的幸运儿，几乎覆盖了中国所有智能手机用户。

现在，微信已经成为数亿用户联系亲朋好友、组织班级活动、进行工作沟通的重要工具，它已经成为大部分现代社会居民与他人建立连接、发起协作的桥梁，深刻影响着人们的社交方式和工作方式。现代社会居民之所以无法离开微信，很重要的原因之一是微信一定程度上打破了地理距离对交流协作的约束，让用户以非常低的成本与千里之外的人建立社交关系、发起沟通协作。通过微信，在大城市打拼的游子可以每天与父母视频通话，维系感情；公司的 HR 可以通过微信对千里之外的应聘者做初步的沟通和了解，求职者也能获得更多的面试机会；公司同事可以更方便地进行跨越部门合作，以往需要开会才能解决的问题，在微信群里也许只要五分钟的讨论就能解决……

然而，微信并不能满足所有的通信需求。在手机上，人们彼此通信的信息形式还是以文字和图片为主，信息表现力还比较差，手机通信应用只能承担比较初级的沟通协作需求。举例来说，让一家公司的所有员工都在家上班，只靠微信保持联系、开展各种工作，是不切实际的。在现实生活和工作当中，有大量的沟通必须通过面对面的口语交流方式进行，只有信息量丰富的口语交流才能将一些想法较为完整地表达出来。然而，手机的硬件技术决定了手机只能传递文字、照片和影音等信息，在信息表现力上还不足以承担传递口语交流信息的重任，这导致手机通信软件在应用场景上有天然的局限。

VR 技术本质上也是一种信息媒介技术，结合互联网技术传递信息，VR 设备也可以像智能手机一样成为通信聊天的工具，如图 9-2 所示。在现实生活中，口语交流的核心信息内容主要是丰富的面部表情、肢体动作和细微的声音语调，只要当 VR 技术发展到可以较为精确地捕捉和还原用户的面部表情与肢体动作时，那些必须依赖口语交流的沟通协作就可以通过 VR 设备来实现，微信在口语交流层面的遗憾将被 VR 通信应用所弥补。

图 9-2 VR 技术可以帮助人们在虚拟世界中实现口语交流

到了 VR 技术成熟、VR 设备也像手机一样得到大范围普及的时候，整个社会将再一次站在新型通信时代的风口。在那时，人们可以通过 VR 通信应用获得接近真实的口语交流体验，一切涉及口语交流的协作都将被迁移到 VR 世界中去，一款满足大众通信需求的 VR 版“微信”也将火爆流行。

VR 通信应用不仅具备了手机通信 APP 的所有优点，还能突破手机通信 APP 受到的局限。手机作为一类信息传播媒介，在信息传递效率和信息表现力上远不如口语媒介，它的特长是打破地理约束、实现瞬时交流。在现实工作中，微信通常被用于同事之间互相通知信息，或者进行简单的意见交换。至于更复杂的交流需求，往往是小组成员通过微信约定开会时间和地点，在讨论会上面对面进行交流。VR 设备同样具备打破时空约束的特点，而且还在信息传递效率和表现力上接近口语交流，这意味着人与人之间的大部分信息交流需求都可以放在 VR 世界里得到解决，VR 技术在人与人之间的协作组织形式上打开了更大的可能性。

在一些好莱坞电影中，我们都看到过类似的电影场景：在未来的某一天，跨国公司的总裁通过全息投影技术出现在千里之外的公司会议室，与公司高层一起参加会议讨论，最终做出商业决策，下达指令。会议结束后，公司总裁按下了手边的开关，消失在千里之外的会议室。

这类看起来有些科幻的场景所涉及的技术具有两个特征：①能够实现跨越空间距离的瞬时信息传递；②提供接近真实的口语交流体验。全息投影技术能否在未来具备这两个特征还有待研究，在当前来看，VR 技术似乎更有可能先实现好莱坞电影中的场景。

在 VR 通信应用的帮助下，一些工作内容对口语交流依赖程度较低的员工将得到解放，可以在任何地方办公，不再需要每日往返于家和公司。对于程序员、新闻编辑、设计师等脑力工作者，其每日工作是以脑力劳动为主，不需要整天和同事或客户交流，他们完全可以在家工作，通过邮箱、微信等与同事保持联系，需要与同事或客户当面沟通的时候再戴上 VR 眼镜即可。

随着科技进步、产业升级，将会有越来越多的人从体力劳动中解放，从事脑力劳动，而 VR 通信应用将进一步解放脑力劳动者，让他们可以根据自己的喜好和心情决定工作地点，让享受生命和努力工作不再产生冲突。在当下，许多人不得不留在大城市忍受高昂房价、交通拥挤、环境恶化和医疗教育资源紧张等大城市病，而这些人当中有不少是高学历高收入的脑力工作者，他们不逃离大城市的原因是只有资源集中的大城市才能向他们提供工作岗位，小城市根本没有对口的工作机会。现状是，优秀人才在北京拿着看似丰厚的薪水，却承担着数倍甚至更高的房价物价，还要忍受大城市病，过着低质量、低幸福感的生活。设立在大城市的企业为了能招到优秀人才，也要付出高昂的薪资成本，而这是没有办法的办法，因为在目前只有资源集中的大城市才存在大量优秀人才的物理聚集，如图 9-3 所示。如果企业想要提升产品和服务的竞争力，只有选择花大价钱去大城市招募优秀人才。

图 9-3 “大城市病”困扰着许多在大城市打拼的优秀人才

在 VR 通信应用的帮助下，脑力工作者可以在小城市甚至农村“找到”工作，企业家也不必再花费数倍的薪资成本在一线城市招募人才。一位服装设计师可以住在新疆天山脚下完成一套服饰的设计工作，一位游戏开发工程师可以住在丽江望着玉龙雪山开发出一款游戏，一位媒体记者可以在西藏旅行途中对千里之外的新闻人物进行采访……许多人形容在一线城市的生活是没有尊严的，而 VR 通信应用将解放相当多的劳动者，让他们在自由、受到尊重的环境下出色地完成工作。同时，对于文化创意行业，公司运营成本主要来自于人力成本，VR 通信应用也将帮助企业家以远低于过往的成本将优秀人才聚集在一起，打造出更好的产品，提供更优质的服务。

可以发现，通过 VR 通信技术的普及应用，整个社会将在协作上节省大量的时间成本和金钱成本，社会生产效率也将大幅提高。在历史上，人类社会生产效率得到大幅提高的时代并不多，至今被世人记住的主要是农业革命、工业革命和电气革命。VR 技术对社会生产效率的提高能否如同工业革命一样被载入史册？这个问题在目前还是未知数，但人们或多或少能感知到 VR 通信应用的潜力是无穷的。

VR 通信应用不仅能改变人们的工作方式，还能深刻改变人们的组织形式。在当前，找工作的方式仍无法绕过当面面试的环节，由于去异地面试需要付出不小的时间成本和金钱成本，一位求职者通常只能在一座城市内寻找工作机会，很难考虑异地的工作机会。即使是在一座城市内寻找工作，一天通常也只能完成两三次面试，效率非常低，而待在大城市需要承担高昂的生活成本，求职者很难负担长时间求职所带来的时间、金钱成本，因此求职者通常主动降低预期去找工作。总而言之，离开旧公司寻找新工作的时间成本和金钱成本是非常高的，只有少数优秀人才才能够快速地找到理想工作。久而久之，工作稳定的大公司就成为所有人心中的理想选择，也许工作内容、公司环境甚至薪资待遇都不是自己最喜欢的，但大公司通常足够稳定，员工大都不用担心公司裁员或倒闭导致再次寻找工作。

在这种观念的影响下，社会风气逐渐变成以进入大公司、大组织为荣，社会上出现了一大批雇员数十万甚至数百万的汽车公司、铁路公司和钢铁公司。在工业化社会，每个人都把进入大公司、大组织当作人生最重要的目标，而很少考虑自己真正擅长和热爱的工作，最终在盲目和从众心理中迷失自己。

当一个社会迈入工业时代，社会的主流组织形态不再是小规模的宗族团体，而是员工数以万计的大型企业。作为企业家，管理数万名甚至数十万名员工是一件极其富有挑战的事情，让如此庞大的员工群体以稳定、高效的状态完成工作任务，对管理技术提出了很高的要求。从公司管理经验来看，每个人的能力和精力有限，所能管理的团队规模也很有限，在实际管理中企业家只能将公司划分为一个个小组，每个小组的负责人只需要管理少数小组成员，然后由中层领导管理各小组的负责人，极少数的高层领导再管理中层领导等。最终大型企业的组织结构会变成自上而下、等级森严的中心化结构，每一个员工只能听取并执行上级领导的命令，个人的想法无法向上传递，也无法得到尊重。

当社会的主流组织——公司都是等级森严的中心化结构时，整个社会的价值观念和风气也会受到影响。在潜移默化的影响之下，每一个社会个体都逐渐把上级领导的命令当作价值上的绝对正确，公司和组织不需要个人的思考和选择，只需要他们认真执行上级的命令……最终，所有人都成为社会分工协作体系上的一颗螺丝钉，社会风气也变得沉闷抑郁，整个社会的幸福指数大幅降低。

VR 通信应用的特殊之处在于，它可以瓦解传统公司自上而下、等级森严的中心化组织，帮助每一个个体以更低的成本与他人建立连接，更快、更自由地寻找工作，还能在任意地点参加工作，通过 VR 设备与同事发起具有深度的协作……在这种自由的氛围下，社会将催生出无数的小组织，它们尊重每位员工的想法和选择，注重团队之间的默契，具有极高的沟通效率和协作效率。最终，效率低下的大公司逐渐被层出不穷的高效率小组织所颠覆，社会主流组织形态将不再是大型公司，而是无数个形式松散的小组织，整个社会的价值观念和风气也将发生翻天覆地的变化。

VR 通信应用的影响不只是改变了社会的组织形态和价值观念，它还将改变社会资源分配方式，促进资源分配更加平等。在当前，社会的人才和资本都高度集中在少数大城市，目的是方便企业家在大城市中尽可能齐全地找到所有优秀人才和资本，如图 9-4 所示。当创业者想要做一个项目时，在北京、上海这样的大城市就能找到所有需要的人才和资本。现有的信息传播媒介已经能够实现跨越时空的信息交流，但是在信息表现力上还是远不如口语媒介，人与人之间的密切合作仍然只能依靠面对面的交流来实现。

VR 通信应用为人与人之间的密切合作提供了新的选项，人们可以通过 VR 设备进行跨时空的信息沟通，并获得接近口语的

图 9-4　大城市聚集了最好的资源和人才

交流体验。在VR通信应用的帮助下，一个项目或事业的发展不再需要一群员工实际聚集在特定的办公室，他们可以停留在任何一个有基础网络设施的地方参加工作。在这种协作模式下，社会资源不必再集中于少数大城市，人才和资本可以均衡地分布在各个地方，只有在需要的时候，通过VR技术将人才和资本组织在一起即可。当社会资源的分配更加平等时，各地理区域之间的经济水平差异也将快速缩小，任何具有基础网络设施的乡村和城镇都能参与到社会分工协作体系当中去，并享受到社会进步和发展所带来的经济红利。届时，也许人类社会一直所苦恼的资源分配不均问题将得到相当程度的缓解，社会也进入更加稳定的状态，每一个社会公民也能享受到更自由、更幸福的生活方式。

当然，每一种新科技的应用都是“双刃剑”，总会有意想不到的影响和结果，站在VR时代来临之前的此时此刻，人们很难对VR技术在未来的影响做出真正全面准确的预测。但从长远来看，科技的发展一直在推进社会向前进步，人类的生活水平也一直在不断提高。VR通信技术作为前所未有的信息传播媒介，也一定能持续不断地改善人类的生活。

9.2 新型社交网络：下一个Facebook在哪儿

说到社交网络，要从互联网本身说起。在互联网诞生之前，社会主流的信息媒介依然是报纸、广播、电视等，这些媒介成为人们了解新闻、消遣时光最重要的方式之一。由专业人士打造的优质内容源源不断地从报社、广播台、电视台涌向社会中的每一个受众，影响了全世界几代人的生活方式和价值观念，如图9-5所示。然而，这些媒介方式都有一个共同的特点，它们的信息传

图 9-5 电视只能单向传递信息，难以承载社交行为

递网络是单向的，普通大众只能被动地接受信息，无法利用这些媒介技术低成本、大规模地与他人交换信息，建立连接。

作为媒介手段，互联网技术的出现是前所未有的革命产物。互联网技术注重计算机与计算机之间的信息传递，互联网在信息传递网络上与传统媒介有根本的不同。报社、电视等传统媒介只能实现一对多的单向信息传递，这导致传媒媒介只能具有媒体属性，它们的使命是对外输出专业人士的优质内容。而互联网技术在信息传递网络上更接近口语媒介，它的底层信息传递方式是点对点的双向流动，就像人与人之间的口语交流一样，是信息频繁交换的过程。从互联网技术在信息传递上的基本特点来看，结合互联网技术的媒介设备天然适合人与人之间发展社交关系，发起社交行为。

互联网技术最早诞生于美国军方实验室中，后来随着计算机和互联网技术的商业化进程不断发展，互联网和个人电脑在 2000 年前后快速走入千家万户，互联网技术在信息传递方式上的特点很快表现为举足轻重的社交网络应用。自从2000年开始，互联网技术在个人电脑上催生了QQ、Facebook等社交应用，其中打造出QQ的腾讯公司如今已经是万亿元的航空母舰，Facebook更是从一家网站一路成长到具备两万亿美元市值，并且仍在保持高速增长，短时间内看不到发展瓶颈，如图9-6所示。

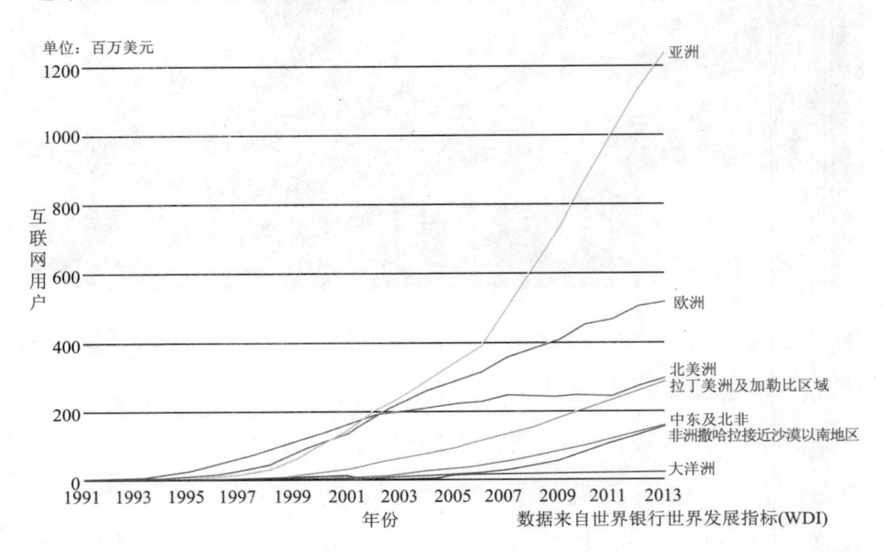

图9-6　互联网网民数量在过去得到爆炸式增长

互联网技术在PC时代催生出了覆盖世界数十亿人口的社交网络应用，带来了腾讯、Facebook等深刻影响世界的巨头公司，这证明了互联网技术在社交领域的天然优势。当智能手机面世并在世界范围内火爆流行，人们高呼智能手机时代已经来临时，互联网技术也在智能手机平台上发挥着其在社交领域的优势，带来了微信和whatsapp，其中微信在2015年被汇丰银行评估具有5 000多亿元人民币的估值，whatsapp则是在2014年以190亿美元的天价被Facebook收购，whatsapp的两位创始人分别获得了68亿美元和30亿美元的财富。

毫无疑问，只要互联网技术应用在一类全新的媒介设备，就会催生相应的社交网络应用；只要这类媒介设备能够走入千家万户，覆盖数以亿计的用户，相应的社交应用就会迸发出千亿元甚至万亿元级别的商业价值。VR 设备本身就是极具革命性的媒介设备，它不仅能够像手机、个人电脑一样通过互联网技术传递信息，还在信息表现力上远远超过手机和个人电脑，甚至能接近口语交流的体验。显然，互联网技术将在 VR 平台上催生出更有魅力的社交网络应用，它能提供接近甚至超越现实的社交体验，在将来所爆发出的商业价值也自然远远超过已经是万亿元市值的 Facebook 和腾讯等社交网络公司。

总结来说，互联网技术是非常适合被用来发展社交应用的。互联网技术在信息传播上具有天然的优势，不仅能够实现跨越时空的信息传递，还能实现类似口语媒介的点对点信息交换。通过适当的硬件设备为用户带来口语交流的体验，再通过互联网技术为用户提供在线通信社交服务，是社交网络应用的正确大方向。

口语媒介是人类的祖先在数百万年前就在使用的信息交流方式，在书面文字出现以前，人与人之间的交流几乎完全依赖于口语。数百万年形成的基因记忆，让我们对口语交流格外认真，当我们与他人发起社交行为时，最渴望的交流形式仍然是面对面的口语交流。然而，口语媒介并非完美无缺，它的致命缺点是对话者必须面对面交流，当人与人之间的空间距离超过十米，口语交流的体验就非常差了，而互联网技术的出现正好弥补了这一缺陷，互联网技术的特点之一即是跨越时空传递信息。

然而，在 PC 时代和手机时代，互联网技术的应用确实克服了口语交流的缺点，实现了跨越空间距离的瞬时交流，但也失去了口语媒介在信息表现力上的优势。不论是 PC 还是手机，都只能凭借一块不大的屏幕来传递图像，这块屏幕很难生动地传递口语媒介所蕴含的丰富信息。早已普及的视频通话即是口语媒介试图在 PC 和手机上落地的尝试，然而在体验上还是无法与面对面的口语交流相比较。PC 和手机在信息表现力上的缺陷是硬件局限所导致的，长久以来，人们没能找到合适的解决方案，一直到 VR 技术再次出现在大众面前。

“互联网 +VR”的结合完美解决了传统社交网络应用的缺陷，将社交网络应用推向接近完美的终点形态。VR 技术保障了口语媒介的信息可以被 VR 设备记录和还原，互联网技术提供了在线通信社交所需的技术条件，最终使得用户可以在 VR 系统中以生动真实的形象与他人进行口语交流，还不受空间距离的限制。当口语媒介插上了互联网的翅膀，用户可以躺在客厅沙发中与身在世界任意地方的陌生人进行“面对面”的交流。在 20 世纪末，高度发达的媒介技术让人们感叹地球已经成为一座“地球村”，发生于世界上任何一个角落的新闻都可以被电视新闻直播传递到世界各处；在未来，虚拟现实技术将进一步推进“地球村”的缩小，整个星球上的人类将在 VR 世界寻找到更贴近的陪伴感和存在感。

当然，社交行为是非常复杂的，人类的社交需求也是扑朔迷离、千奇百怪的。在现实生活中，不是所有的社交行为和社交需求都强烈依赖口语媒介，在某些情景下，口语媒介还可能会带来困扰。从完整的社交概念来看，很难发明一种媒介技术能够满足所有类型的社交需求，每一种媒介都有相应的局限和优势，也分别偏好不同的社交需求。对于还处于暧昧时期的年轻男女来说，含蓄的书信更能传递翩翩风度和脉脉深情；对于闯荡远方的游子来说，和家人面对面聊聊是心中最大的盼望……虽然社交形式和需求有千万种，在现代人的日常社交行为中，最常用到的媒介形式还是口语媒介，只要当“互联网 +VR”的组合打造出采用口语媒介的社交网络应用，下一个 Facebook 就将诞生于那个时代。

9.3 新型经济模式：Uber 的启示

在过去的二十年中，互联网技术的商业化应用越来越深入，孕育出数不尽的互联网公司和相应的就业机会。回顾整个互联网时代的发展历程，智能手机的横空出世是一个极为明显的划分点，在智能手机诞生之后，网民终于可以摆脱对网线的依赖，将一个个互联网应用装进口袋的手机里，在公司、家庭和网吧之外的场所也能够使用互联网产品，享受相应的服务。

可以说，智能手机带来的移动互联网将互联网技术的商业化进程推向了深水区。互联网不再是人们坐在办公室或书房才能用到的新鲜科技，人们在现实生活中的每时每刻都可以使用互联网应用。人们可以在上班路上打开新闻门户网站浏览当日新闻，在驾驶汽车时使用手机地图软件获得驾驶导航，在旅游城市使用手机软件查找附近的美食餐馆……“互联网 + 智能手机”的组合方式将互联网技术应用到我们生活中的大部分场景，为人类带来生活上的便利和自由，从方方面面提高人们生活和工作的效率。

在 2010 年，一款名为 Uber 的手机软件在美国旧金山地区推出，它支持 iOS 和 Android 系统的智能手机，如图 9-7 所示。在短短的五年后，Uber 在金融市场的估值已经超过 600 亿美元，成为世界上规模最大的未上市互联网企业。在这五年间，Uber 覆盖了全球 70 多个国家和地区的 400 多个城市，提供了数以百万计的工作机会。目前，Uber 在全世界范围内以每月数十万个的速度创造工作机会，并且这个数字还在持续增长，很快就会增至百万量级。

Uber 作为一款手机软件，为何能在短短的五年内取得如此成功的商业化成果？这个问题的答案要从互联网技术身上寻找。

图 9-7 Uber 已经成为许多人出行的首选

Uber 是一款通过手机打车的软件，它的功能并不复杂，用户可以随时随地使用 Uber 预订一辆出租车为自己提供驾驶服务。比起传统在街头伸手拦车或者提前电话预约的打车方式，Uber 用户只需要在手机上点一个按钮，就能打到出租车。在这个按钮的背后，是互联网技术借助智能手机在发挥影响力。

Uber 的理念是通过互联网技术将闲置汽车利用起来，为需要乘车服务的消费者所使用，这套做法有效降低了全社会汽车资源的空驶率和闲置率。在以往，出租车在街头常常是以空驶的状态在街头漫无目的地行驶，不仅消耗着汽油，还占用了宝贵的城市交通资源。然而，仅中国就有超过 100 万辆出租车，这些出租车每天有大量的时间处于空驶状态，对汽油资源、交通资源等社会资源造成了巨大的浪费。在这种情况下，不但出租车司机没能将收益最大化，乘客也没能随时随地打到出租车，结果是出租车司机和乘客对现状都不满意。

Uber 的出现改变了持续已久的现状。通过 Uber，每一位出租车司机都能快速地找到周围最近的潜在乘客，将乘客送达目的地之后，Uber 会继续为出租车司机给出附近的乘客位置，出租车司机只需要听从 Uber 的安排，就能避免大部分的空驶时间，节省下宝贵的汽油资源和交通资源。与此同时，乘客也只需要在 Uber 上按下打车按钮，Uber 会尽快安排附近的出租车车主在两三分钟内赶过来。Uber 藏在服务器的后面通过互联网技术指挥着数以万计的乘客和司机，即时计算着效率最高的路径规划和出租车分配方案。最终，人们通过 Uber 第一次感受到打车的体验原来可以如此高效快捷，许多人选择让 Uber 成为生活方式的一部分，并开始质疑购买私家车的必要性。

Uber 不止更好地连接了出租车与乘客，还成功利用了城市内的闲置私家车。Uber 不只有传统出租车公司的出租车，每一位符合标准的私家车车主都能以 Uber 司机的身份为乘客提供乘车服务。许多上班族在周末摇身一变成为 Uber 司机，将平时闲置的私家车利用起来，不仅能为乘客提供乘车服务，缓解公众交通压力，还能获得金钱收入，这种让所有人都受益的商业模式在互联网技术的帮助下实现了。

当 Uber 已经在世界范围内运营了数年后，Uber 的数据工程师发现每天都有大量乘客的乘车路径是重叠的，造成了严重的资源重复消耗和浪费。以往这些乘客通常自己独自享受一辆汽车的乘坐服务，加上司机也就两个人，而大部分汽车的准乘人数都在 5 人以上，也就是说每天有大量的汽车只利用了不到 40% 的乘客座位。在经过对海量数据的分析和研究之后，Uber 在一些城市试点推出了拼车功能，Uber 可以为乘客自动匹配目的地接近的其他乘客，通过算法计算出最合适的出租车行驶路径，并派出一辆出租车接收两位乘客。通过拼车服务，乘客享受到了更便宜的乘车费用，出租车的利用率也得到大幅提高，有效提高了汽油等资源的利用率，并通过减少在街头行驶的汽车数量来明显缓解交通拥堵现象，如图 9-8 所示。

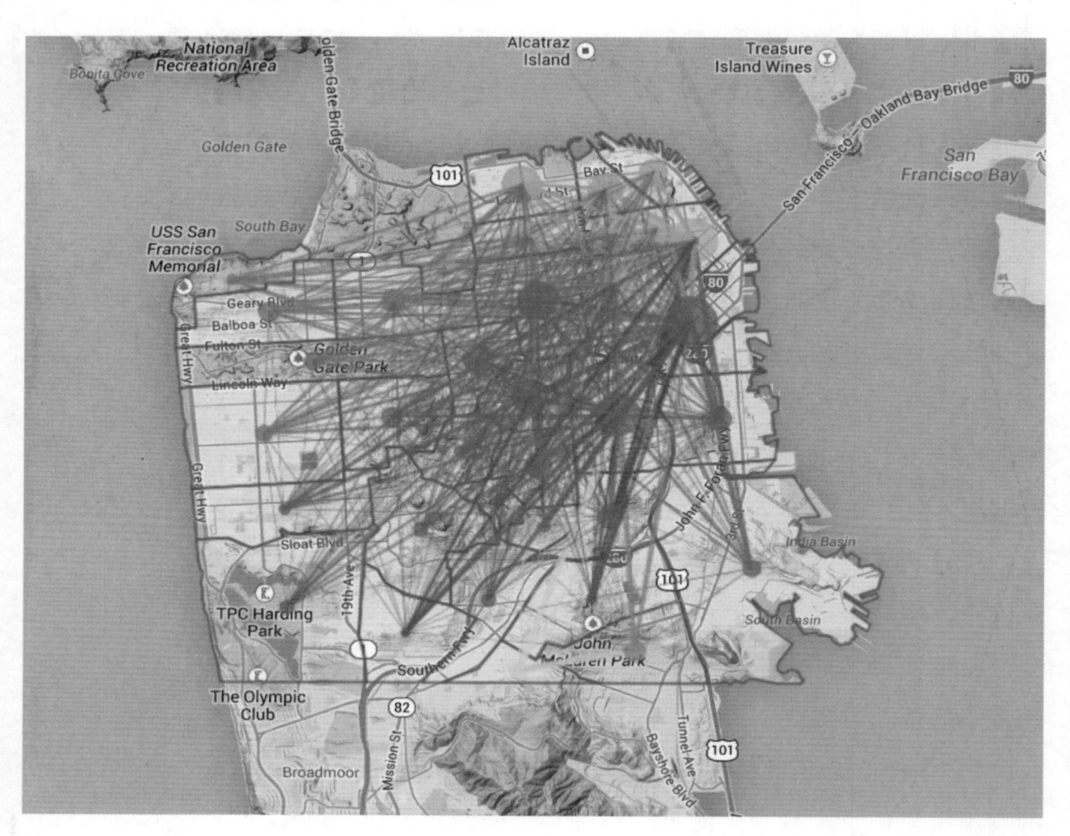

图 9-8 Uber 利用海量的数据来提高交通资源利用率

Uber 在出租车领域的应用带来了前所未有的改变，它不仅实现了巨大的商业价值，还创造了以共享为核心的新型经济模式，带来了更合理的资源分配方式。Uber 所带来的这些伟大创举，核心原因是互联网技术在发挥魔力。互联网技术不只是能在社交媒体或社交网络中实现信息的连接和双向传递，还能在现实生活中实现消费者与服务或有形资产的双向连接。

在 Uber 出现之前，乘客与出租车是割裂的关系，国内乘客通常只有走到街头伸手拦车，才能建立与出租车的连接，这就需要出租车频繁出现在街头，造成大量的资源浪费。在Uber出现后，乘客与出租车通过智能手机互相连接，乘客能够在点一下按钮后就打到附近的出租车，出租车司机也能在原地等到Uber指配的附近乘客，乘客与出租车之间的关系不再是割裂的，而是有机的双向连接，Uber可以在乘客与出租车组成的网络上做出调整，在不知不觉中影响出租车司机和乘客的行为。

比如，在下班高峰期，Uber会将平台下的出租车比往常更多地派往繁华的商业区，在写字楼下等待刚刚下班的乘客，解决了他们在下班高峰期间难打车的难题。此外，在交通拥挤的时间段和区域，Uber会适当提高价格，来满足真正迫切需要打车的乘客，并迫使部分乘客转乘地铁、公交等交通方式，为缓解交通拥堵做出重要的贡献。

Uber还创新性的模糊了消费者与劳动者的区别，平日里的乘客可以随时变身为Uber司机，“专职出租车司机”的概念在Uber的影响下逐渐变得模糊。在传统经济网络中，消费者与劳动者是位于网络两端的重要节点，金钱和商品在这张网络上的节点之间流动。商人把产品卖给消费者，消费者把金钱支付给商人，这是数千年前就已经存在的经济模式，如今正在被以Uber为代表的新型经济模式悄然改造。

Uber对经济模式产生的影响，与互联网技术对媒体产生的影响是十分相似的。在互联网技术出现之前，电视、杂志等传统媒体所织就的信息网络是单向的、中心化的。文化领域的精英在信息网络上的高处生产内容，以居高临下的姿态将信息发布给普通受众，而普通受众也只能一直以受众的身份被动接受信息，内容创作者和内容消费者是泾渭分明的两个角色，这两种角色之间存在巨大的鸿沟。互联网的出现带来了全新的媒体形式，孕育了微博、微信朋友圈等完全不同于传统媒体的社交媒体。在社交媒体上，每一个用户不仅是内容生产者，同时也在消费着他人生产的内容，用户在信息网络上所扮演的角色是模糊的，可以是内容生产者，也可以是内容消费者，信息在网络上的节点之间双向流动，最终形成了大众参与的扁平化媒体，每时每刻都在创造数量和质量都令人吃惊的内容。以微博为例，它已经成为中国最重要的新闻发布平台，在重大事件发生时，每一位在新闻现场的普通人都可以成为媒体记者去报道事件，发布现场照片。在微博媒体高度发达的当下，传统媒体往往是通过微博了解到一个新闻事件，然后才赶往新闻现场。

在微博、微信等产品中，互联网以前所未有的方式将人和信息连接在一起，重新定义了大众在信息产生、信息传递和信息消费中的角色。互联网打车应用Uber正在做的事情也有类似的影响，Uber也是以前所未有的方式将人与汽车连接在一起，重新定义了大众在出租车行业的角色，每一位符合标准的普通人都可以成为出租车司机，为他人提供乘车服务，也可以作为乘客进行消费。司机与乘客的角色正在被Uber模糊，出租车行业的传统经济网络也在接受升级改造。

Uber所发挥的神奇魅力是通过“互联网＋智能手机”的搭配组合实现的。然而，类似Uber的例子并不多，以至于Uber还在被当成典型来解读。互联网技术的核心是信息的流动，而智能手机所能传递的信息还有限，在表达某些类型的信息时表现力会比较差，尤其是口语信息，而许多依赖于人的资源通常是通过口语媒介进行交换的，这意味着在智能手机上很难完成此类资源的组织与交换，互联网对现实社会的影响也就因此受到局限。

接受过十多年教育的我们都知道，教育服务的质量较大程度上依赖于教师的口语授课水平，优秀的教师能够在与学生的面对面交流中高效地完成知识传授，让学生获得事半功倍的学习过程。然而，智能手机在目前还是无法承担教师口语授课的需求，学生隔着屏幕很难感知到教师所想表达的全部信息，教师若选择通过智能手机进行口语授课，实际效果将大打折扣。

好在，VR 技术的出现弥补了智能手机在信息表现力上的缺陷，“互联网 +VR”的组合会在不远的将来逐渐取代“互联网 + 智能手机”，发挥出更大的价值和影响力。互联网的无穷魅力来自于信息自由流动所产生的效应，而 VR 技术能够帮助互联网技术传递更深度、更全面的信息，从而实现人与资源更广泛、更深刻的全方位连接。

说到连接，我们所熟悉的电子商务网站一直致力于人与商品的连接，随着互联网的普及，淘宝、京东等电子商务网站开始流行，并且在短短数年时间内就改变了大众的消费习惯，对实体经济造成了深远的影响。有人说，只有基于体验的服务行业才能不被电子商务网站所颠覆，因为计算机和智能手机在信息表现力上有天然的缺陷，而教育、咨询等服务较多依赖于从业人员与客户之间的面对面交流，基于计算机和智能手机的电子商务网站几乎不可能提供体验良好的服务业产品。

在成熟的 VR 技术来临之后，这种观点恐怕要被现实修正。人与物品的连接已经在基于计算机和智能手机的电子商务网站上得到很好的实现，人与人的连接也将在基于 VR 技术的全新电子商务应用上得到广泛、深入的实现。在 VR 电商平台上，购买一位时尚达人的形象设计服务将变得十分普遍，商品的概念将不再只局限于实物，许多人将会通过在 VR 电商平台上出售技能与服务来获得收入，也能随时转变为消费者寻求需要的服务。

从电子商务的例子来看，“互联网 +VR”的组合在人与资源的连接上具有非常明显的优势，它将改变传统经济模式当中的经济网络，让金钱和商品以前所未有的方式流动，最终催生出全新的经济模式。这种经济模式的面貌是当下的我们所无法预测的，就像谁也想象不到一款不起眼的打车应用软件 Uber 能够颠覆人类利用汽车资源的方式，冲击全世界的出租车行业。唯一可以确定的是，“互联网 +VR”所带来的商业化应用将极大地提高人类社会在各个方面的效率，为人类提供更好的生活质量。

第10章 移民时代

随着 VR 技术在商业领域发挥出越来越重要的商业价值，人类社会对 VR 技术的研发投入也会越来越大，因此，如果用坐标系统上的一条线来描述 VR 技术的发展进度，它一定是一条加速向上增长的抛物曲线。随着科技的进步，我们可以预见 VR 技术将在不太遥远的未来抵达理想终点：人类的所有感官都将被 VR 技术所满足。

在这一阶段，现实世界与 VR 世界开始变得真假难分。面对这两个既相似又不同的世界，我们不难做出预测，体验与现实无异、但远比现实世界自由的 VR 世界，一定会在某一天成为绝大部分人类的精神归宿，人类向 VR 世界发起大规模移民只是时间问题。在 VR 世界里，人类不再受到时空距离的限制，也不需要为由代码组成的虚拟资源而发愁，甚至不太受到物理法则的制约。对于这一阶段的人类社会，值得研究的是意识形态所发生的转变。

10.1 全新生活方式

当虚拟现实技术所构造的完美世界向人类发出召唤时，人类很有可能还在工作岗位上工作以维持世界的运转。VR 世界很美好，但人类向 VR 世界大规模移民的前提是现实世界的运转不受影响，一个高度自动化的社会也许会因此加速来临。在实现社会生产高度自动化之前，人类必须先掌握四项技术：人工智能、语义网络、大数据和物联网。

10.1.1 不可怕的人工智能

2010 年，神经科学家兼人工智能程序师杰米斯·哈萨比斯（Demis Hassabis）在英国伦敦创建了人工智能公司 DeepMind，如图 10-1 所示，致力于将机器学习与系统神经科学的前沿技术结合起来，建立强大的通用学习算法。2014 年 1 月，谷歌（Google）斥资 4 亿美元收购 DeepMind 公司，使人工智能概念开始受到业界广泛关注。

当人们还对人工智能抱有疑虑时，DeepMind 公司很快就向世人证明谷歌的 4 亿美元投资是值得的。DeepMind 公司开发出了一款自动下围棋的程序 AlphaGo，并向世界顶级围棋手发出挑

图 10-1 DeepMind 是一家致力于研发人工智能的科技公司

战。2015年10月，AlphaGo以5∶0完胜欧洲围棋冠军樊麾，紧接着在2016年3月，AlphaGo与曾经获得14个世界围棋冠军的李世石进行围棋比赛，最终以4∶1的成绩大胜李世石，在世界围棋手排行榜行位居第二，仅次于中国天才围棋手柯洁。

DeepMind公司通过这场围棋赛一举世界闻名，人工智能概念也一度成为社会热点话题，行业精英与普通大众都被人工智能的强悍实力所震撼。在AlphaGo击败李世石，成为世界新闻焦点时，DeepMind公司随之宣布将致力于把AlphaGo背后的人工智能技术应用于医疗、机器人等领域，为世界提供更好的科技手段，使人们在医疗、工业等领域面临的难题逐一得到解决。

让计算机击败人类的人工智能究竟是什么东西？在当前，大众对人工智能的严格定义并不了解，对人工智能的了解还停留在《终结者》等好莱坞大片对智能机器人的科幻描述。在大众对人工智能的理解当中，人工智能就是能让机器像人类一样思考和行动的技术，由于部分科幻小说和科幻电影把智能机器人描述成具有独立意识的人类敌人，人们通常对人工智能持有负面态度，并且对人工智能的理解也停留在“像人类一样思考”。

实际上，人工智能还远未达到完整模拟人类大脑的程度。目前人工智能技术主要还是致力于在计算机上实现人类在某一领域的思考、判断和行动。围棋即是一项基于固定规则的棋牌游戏竞技，AlphaGo所做的事情是提供特殊的算法，在围棋规则的约束下找出最优的下棋策略，人工智能的底层逻辑仍然是基于数学的计算，而非接近人类的思考方式。

就目前人类社会的科技水平来看，更切合实际的人工智能技术其实是以代替人类执行某项技能为目的。近年来逐渐被汽车企业列为发展重点的无人驾驶技术也属于人工智能范畴，比起《终结者》

电影里的邪恶机器人，无人驾驶技术更接近当前人工智能的定义。

在十多年前，计算机的发展已经让世人惊叹，人们不再怀疑计算机的巨大价值，开始讨论有哪些事情是计算机永远无法做到的。经过认真的分析和讨论之后，人们认为驾驶汽车是计算机永远无法代替的任务，每一位拿到驾照的司机都明白汽车驾驶的复杂性，要随时根据交通情况做出细微的调整，无论哪一步做错了都有可能导致严重的交通事故。他们认为，驾驶过程涉及人类的主观判断，这些主观判断很难用以数学为基础的计算机代码在计算机上重建。因此，计算机永远无法取代人类进行汽车驾驶。

2004 年，为了能够在 10 年后实现至少三分之一的军用车辆可以自动驾驶，曾经推动互联网（INTERNET）和全球卫星定位系统（GPS）等技术发明的美国国防部先进研究项目局（Defense Advanced Research Projects Agency，DARPA）决定每年举办一场自动驾驶汽车大赛，悬赏 100 万美元用于吸引全世界的团队研发自动驾驶汽车，如图 10-2 所示。

图 10-2　美国军方每年悬赏 100 万美元举办自动驾驶汽车大赛

在第一届自动驾驶汽车大赛上，获得第一名的自动驾驶汽车只行驶了几公里，这个结果印证了当时人们对无人驾驶汽车的判断，未经“磨炼”的计算机根本无法胜任汽车驾驶的重任。然而，他们的想法很快就被事实改变。在第二年，更多的自动驾驶汽车团队前来参加自动驾驶汽车大赛，在他们当中已经有汽车能够毫发无损的独立横穿沙漠，颠覆了人们对无人驾驶汽车的印象。

图 10-3 就是 2005 年获得自动驾驶汽车比赛大奖的队伍 Stanley，中间穿着蓝色外套的就是时任斯坦福大学人工智能实验室（Standford Artificial Intelligence Laboratory）的总监塞巴斯蒂安·特龙（Sebastian Thrun）。他是斯坦福大学的全职教授，他年轻时因为一场车祸失去了一位朋友，从那以后，他开始研究自动驾驶技术，让交通安全得到更好的技术保障。

在 2009 年，特龙以谷歌副总裁的身份与他人联合创立了 Google X 实验室，该实验室致力于所谓“登月”项目的研发，挑

图 10-3　获得自动驾驶汽车比赛大奖的队伍 Stanley

战当时看起来不可能实现的技术，其中包括无人驾驶技术。

到了 2012 年，特龙率领团队研发出的 Google 无人驾驶汽车开始在美国道路上测试，这些汽车通常不是真的“无人”，而是会有一位测试员坐在副驾驶座位上，但汽车的驾驶完全是由车载计算机完成的，没有任何人会干预或参与汽车的驾驶过程。谷歌为何放心让无人驾驶汽车上路测试？每一辆 Google 无人驾驶汽车都配置了一系列的雷达和传感器，时刻判断汽车的状态和周围的环境，并通过一系列算法对外部交通环境进行分析，做出相应的驾驶决策，如图 10-4 所示。

到今天为止，Google 无人驾驶汽车已经累积行驶 210 万公里以上，其间只发生了少数剐蹭事故。虽然离真正的成熟还很远，但计算机已经比许多人类司机做得还要好了，随着无人驾驶技术的不断完善，终有一天无人驾驶汽车将成为所有汽车的标准配备。而这一天，在可预见的未来就能实现。

图 10-4　Google 无人驾驶汽车的车身外部附加了许多传感器和雷达

无人驾驶技术不仅能够解放人类驾驶汽车的劳累，还能带来更安全的交通环境、更高效的资源利用。在无人驾驶技术得到普及的时候，每个城市的交通管理部门都可以实时调度城市道路上的每一辆汽车，通过统一调度解决以往难以解决的交通拥堵问题。乘客上车只需要选择终点目的地，具体路径却是由交通管理部门所控制的，这样可以更好地缓解交通压力，更高效地利用交通资源。

实际上，无人驾驶技术不仅能够带来更好的交通环境，还能改变人类对汽车的认识。在当下，人们已经可以使用 Uber 和滴滴出行等手机 APP 预订出租车，司机将会在三五分钟内出现在乘客面前。当无人驾驶技术真正得到普及时，乘客只需要在出门前在手机上预约无人驾驶汽车，三分钟后就会有一辆汽车出现在门口，上车之后汽车将自动前往预设的目的地。在到达目的地后，乘客只需要下车离开即可，不用担心汽车停车位等恼人的问题，无人驾驶汽车将自动离开，前往下一位乘客的所在地。

这种共享经济所发挥的价值要比 Uber 还要大无数倍，“无人驾驶技术 + 互联网”的组合直接让汽车成为空气一样随手可得的资源，而整个社会的汽车保有量却大幅下降，社会只需要以前汽车保有量的零头就能满足人们对出行的需求。便利性和高效的资源利用非常罕见的可以兼得，这就是人工智能最切实际的应用和影响。只要给计算机足够的数据进行学习和判断，它就能在某一领域实现接近人类甚至超越人类的判断、决策和行动。

在未来的某一天，如果具备人工智能的计算机想要完全接管社会生产、维持社会运转，就必须脱离对人类指令的依赖。在当前，计算机的主流应用方式还是依赖于人类的指令，先由人类搜集任务信息，做出判断，然后将任务转化为计算机能够理解和执行的具体指令。如果想要让人类从计算机的应用过程中彻底退出，计算机必须要能够自己搜集信息、理解信息，然后作出相应的判断，并给自己下达具体的指令。

我们都知道，计算机所能读懂的信息本质上都是 0 和 1 组成的数字，而人类的信息是非常复杂的，计算机还没有智能到完全理解人类语言的程度。为了实现社会高度自动化，人类必须发明一种帮助计算机理解文字的技术，让计算机能够独立完成任务，不再依赖人类的指令。

10.1.2 语义网：让计算机理解人类

英国著名计算机科学家蒂姆·伯纳斯·李（Tim Berners-Lee）是万维网（World Wide Web，缩写为“WWW”）的发明者，他将图片、视频、文字等文档信息组织起来，通过超文本传输协议将这些资源传递给用户。正因为蒂姆·伯纳斯·李所创造的万维网，今天的我们才能如此方便地享受到缤纷多彩的互联网世界。

目前，我们所熟悉的万维网只是将各类文档信息组织在一起，是一种存储和共享文本、图像的媒介，计算机并不了解这些文档信息的具体意义。也就是说，万维网面对的对象其实是人。在 1998 年，蒂姆·伯纳斯·李提出了一个新颖的概念，认为存在一种网络能够将文档信息的意义诠释出来，被计算机所理解。他将这种网络命名为语义网（Semantic Web），如图 10-5 所示，核心是通过给文档添加能够被计算机理解的语义“元数据”（Meta Data），从而使计算机理解储存在硬盘和网络空间上的所有信息。

语义网的核心任务是为万维网上的文档信息加上一层可以被计算机“理解”的语义信息，侧重点是要让计算机真正“理解”我们的意图。在语义网建成之前，计算机在万维网上只能做到“看，

图 10-5　语义网是一种帮助计算机理解文档信息的技术

这儿有一篇文章”，而无法做到真正理解这篇文章的内容和意义。在语义网建立以后，计算机所能理解的信息将会更加全面和深刻，计算机的应用场景也将进一步扩大。

例如，某天晚上你突然想看一部 20 世纪 80 年代的香港喜剧电影，你只需要打开计算机，在语义网上输入“播放 20 世纪 80 年代的经典香港喜剧电影”，此时计算机能够立刻明白你的需求，并且将自动去互联网上的影视资源中寻找符合条件的电影，最终播放你想要观看的电影。如果没有语义网，你得自己去各大影视资源网站上按照条件一个个查找，计算机只能执行每一次鼠标点击等最简单的指令。

同样，语义网可以为每一条新闻打上详细的标签，描述这条新闻的作者、话题、新闻地点、主人公等信息，计算机可以非常灵活地为读者提供精确匹配的新闻内容，只要读者能告诉计算机想看什么样的新闻。实际上，一款名为“今日头条”的手机 APP 就在做这个事情，并且已经实现了数十亿元的年度营业收入。

在未来的某一天，人类将一座城市的天气数据、人口数据、汽油价格等数据统统输入计算机，计算机将通过语义网技术分析数据的含义以及数据与数据之间的关系，最终分析出这座城市每天的电力消耗量、食物需求和垃圾产生量，并由此做出决策，对发电站下达发电功率指令、向附近省市购买粮食、安排清洁车运输垃圾等。

通过语义网技术，人类不再需要将需求分解为若干计算机能够理解的指令，计算机将直接理解人类的需求，并自动安排和执行任务。在语义网技术的帮助下，只要计算机能够源源不断地获取海量数据，计算机就能准确地理解现实世界的环境状况，并且据此做出下一步决策，保障现实世界的良好运行，从而让更多人类沉浸在 VR 世界里。

10.1.3 大数据有大智慧

大数据概念在近几年得到媒体追捧，已经成为大众耳熟能详的名词，如图 10-6 所示。最早提出大数据时代到来的是麦肯锡，其称："数据，已经渗透到当今每一个行业和业务职能领域，成为重要的生产因素。人们对于海量数据的挖掘和运用，预示着新

图 10-6 大数据近年来备受追捧

一波生产率增长和消费者盈余浪潮的到来。”

大数据究竟是什么？不同的企业和学者对大数据给出了不同的定义。作为世界领先的数据储存公司，EMC对大数据的定义是，数据规模足够庞大，一般单个数据集的大小在10TB左右，如果将多个数据集的数据放在一起，通常会形成PB级的数据量。从数据源来看，大数据还指这些数据来自多种数据源。

EMC指出了大数据的特点是数据量庞大、数据来源丰富。研究机构Gartner对大数据给出了进一步的定义：大数据是需要新处理模式才能具有更强的决策力、洞察发现力和流程优化能力来适应海量、高增长率和多样化的信息资产。

麦肯锡全球研究所对大数据给出了更详细的定义：一种规模大到在获取、存储、管理、分析方面大大超出了传统数据库软件工具能力范围的数据集合，具有海量的数据规模、快速的数据流转、多样的数据类型和价值密度低四大特征。

在世界顶级的企业和研究机构看来，大数据的核心价值不在于数据量之大，而在于对海量数据的专业化处理方式，从数据中得到具有重要决策价值的信息。如果把大数据产业比作制造业，该产业最核心的价值在于独特的制造加工技术，而非原材料的稀缺性。

从本质上来说，大数据为我们观察世界提供了一种全新思维。在大数据时代来临之前，许多数据能够被挖掘出的价值不高，甚至没有价值。在大数据时代，同样的数据可以被挖掘出重要的信息。

以大家经常使用的淘宝为例，天猫副总裁王文彬曾表示“我们可以得到买家的访问量、固定频率、偏好商品等浅层分析。未来将有更多数据，让我们不仅能看到商家销量的高低，甚至还可以看出其原因。”基于大数据技术的应用，商家可以更好地分析出顾客的消费喜好、满意度和购物流程体验的好坏，从而改进销售策略、提升购物体验，最终实现销售利润的增长。

对于具备人工智能和语义网技术的计算机而言，大数据是计算机了解世界的窗口。通过对海量数据的专业化处理，计算机得到具有重要价值的信息，这些信息将帮助计算机做出更准确的判断和决策，减少人类的思考工作量，让人类在VR世界中更加“省心”。

10.1.4 物联网：一键控制世界

随着科技的发展与普及，人类社会已经进入必须依靠机器才能保持正常运转的状态。不论是发电机、灯泡还是家里的洗衣机，都成为维持世界运转必不可少的机器设备。目前，这些设备主要还是依靠人类亲手操作才能正常运行。如果人类在未来某天决定“撒手不管”，整个世界将陷入瘫痪之中。为了避免这一现象，我们必须给这些机器找到新的“主人”。

计算机在人工智能和语义网等技术的帮助下，已经具备相当聪明的“智力”。计算机可以通过海量的数据判断一座城市的电力需求，从而控制发电厂的负载状态。计算机还可以通过气候、人口、季节的变化来判断一座城市的粮食需求，并通知粮食产地的无人货车运输指定重量的粮食。从“智力”水平来说，计算机有能力代替人类操纵和管理机器设备，唯一的问题就是，如何让计算机与所有的机器连接在一起，实现瞬时远程控制。

把物品与计算机连接一起的想法在20世纪80年代就出现了。卡耐基梅隆大学研发出了一台可以联网的可乐贩卖机，它能够报告库存中的可乐数量以及可乐的温度，这是第一台连接到互联网的电器。到了1999年，麻省理工学院的凯文·阿什顿（Kevin

Ashton）教授在研究 RFID 技术时，提出了在计算机互联网上，利用射频识别等技术，构造一个全球物品信息实时共享的“Internet of Things”——由此正式提出了物联网的概念，如图 10-7 所示。

图 10-7　日常生活中随处可见的物品都可以接入物联网

自从物联网概念诞生以来，日本、韩国、美国、欧盟和中国等国家和地区纷纷提出了大力发展物联网的国家战略。2004 年，日本总务省提出 u-Japan 计划，力求实现人与人、物与物、人与物之间的连接，将日本建设成一个随时、随地、任何物体、任何人均可连接的泛在网络社会。

2006 年，韩国政府发布了 u-Korea 计划，旨在建立一个“无所不在的社会”（Ubiquitous Society），让民众生活在一个遍布智能型网络和各种新型应用的环境里，民众可以随时随地享有智慧科技服务。在 2009 年，韩国通信委员会出台了《物联网基础设施构建基本规划》，将物联网确定为新增长动力，提出到 2012 年实现“通过构建世界最先进的物联网基础实施，打造未来广播通信融合领域超一流信息通信技术强国”的目标。

中国在物联网技术领域也没有落后。2009 年，时任国务院总理温家宝在无锡考察时，正式提出“感知中国”的概念，并随后将物联网列入国家五大新兴战略性产业之一，写入“政府工作报告”，物联网在中国社会受到了极大的关注。

在 2008 年 11 月，IBM 公司提出了“智慧地球”概念，紧接着在 2009 年 1 月，美国奥巴马总统公开肯定了 IBM“智慧地球”思路。在 IBM 公司的设想当中，计算机和物联网的应用能够让人类获得关于现实世界更全面的数据，更好地了解和管理城市，从而降低城市能源消耗、缓解交通拥堵、甚至是减少犯罪行为，如图 10-8 所示。有分析认为，IBM 提出的“智慧地球”战略与当年的“信息高速公路”有许多相同之处，被认为是振兴经济、确定竞争优势的关键战略。

根据麦肯锡全球研究所（McKinsey Global Institute）的估计，到了 2025 年，物联网行业将具备 11 万亿美元的经济价值。物联

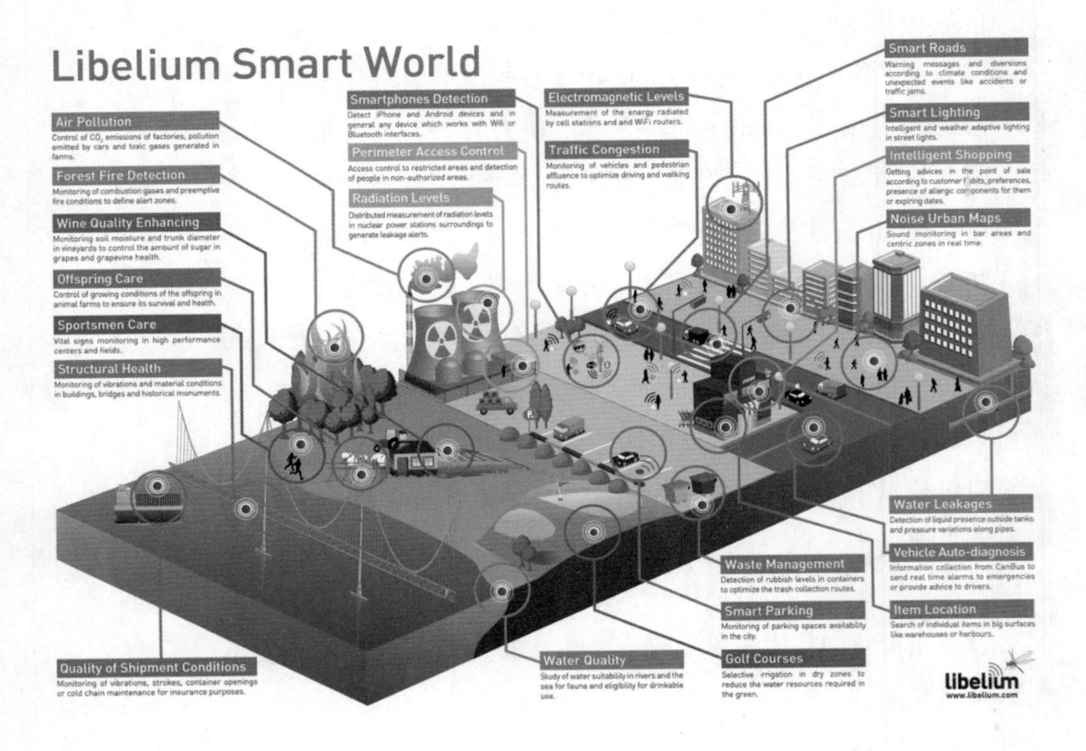

图10-8 物联网推动者Libelium公司致力于通过物联网让世界更加“智能”

网的发展在近年来十分迅速，物联网的应用开始从智能家居、可穿戴设备和互联汽车（Connected Car）等领域侵入人类的生活。根据思科（Cisco）公司发布的预测，在 2020 年，全世界连接入网的设备将超过 500 亿件，其中包括 2.5 亿辆互联汽车。届时，也许航空飞机的发动机引擎和推土机都会加入物联网，为人类社会带来数据与连接的爆炸式增长，如图 10-9 所示。

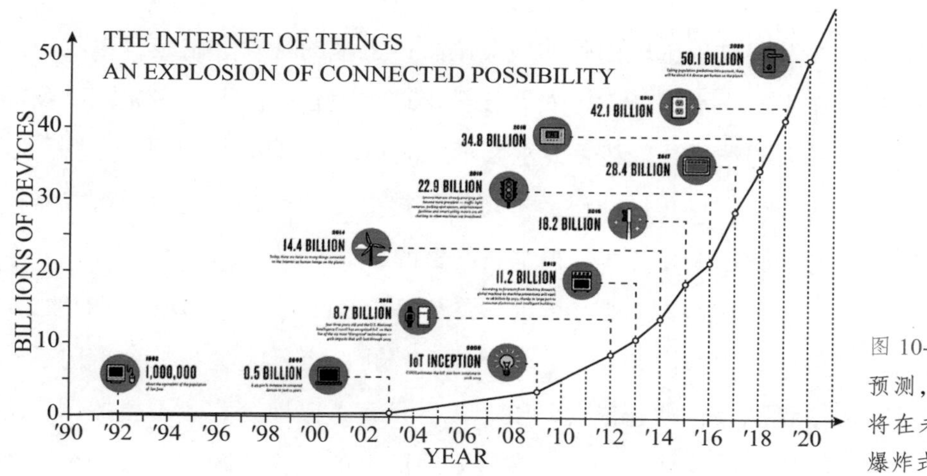

图 10-9　根据预测，物联网将在未来迎来爆炸式发展

当物联网发展到终极形态时，也许一切物品都能通过一个小小的芯片连入网络。届时，数以百亿计的物品将持续不断地向计算机反馈数据，告诉计算机当前世界的运转情况。计算机通过大数据、语义网和人工智能等技术对物联网传来的数据进行分析，并根据分析结果做出决策，直接遥控物联网中数以百亿计的物品，保障现实世界良好运转。

10.2　消费理念的转变

如果用一句话描述过去数千年间人类的消费理念，莫过于“人为财死，鸟为食亡”。资源稀缺永远是萦绕在人类头顶挥之不去的梦魇，为了能以更有尊严的方式生活下去，每一个人自出生以来都要面临关于资源分配的博弈斗争。

在工业革命到来之前，几乎所有人类都必须在土地上辛勤耕作，或者在大海中与风暴搏斗，才能获得宝贵的碳水化合物和蛋白质，维持整个家庭的生计。更为残酷的是，18世纪英国经济学家马尔萨斯提出了著名的“马尔萨斯人口论”，揭示了人类社会在发展过程中所面临的残酷陷阱：土地的粮食产出是有上限的，在生产力水平低下的农业社会，这个粮食产出上限多次被触及，带来的结果是以战争为主要形式的消灭人口运动。在这一过程中，人类与大自然搏斗已经不可能获得更多的粮食了，只能将武器挥向同胞，生存者将获得宝贵的资源。

即使到了工业社会，人类温饱问题已经得到前所未有的改善，关于资源的博弈和斗争仍然没有停止。资本主义将社会推向了一个无法停止的仓鼠轮，整个社会只有不停地奔跑才不会摔倒。这一制度的确使一些国家实现了经济上的巨大飞跃，让每一个国民坚信勤奋工作能换来更好的未来。然而，资本主义的经济理论是建立在稀缺性基础之上的，每一个生活在资本主义社会的公民都会受到资源稀缺的困扰，资本主义使用金钱代替武力作为分配资源的方式，只要有足够的钱，就能获得绝大部分可以获得的资源。

为了在资本主义社会中获得尽可能多的资源，绝大部分人需要参加工作来获得金钱；而为了在工作竞争中具备更多优势，人们又必须在教育资源上做出巨大的投资；为了能够获得更好的教育资源，人们必须获得足够多的金钱……整个社会就像一列失速前进的火车，巨大的惯性使它无法停止或转向，人类就像仓鼠轮中的仓鼠疲于奔跑，不知道如何停歇。

在资源永远稀缺的现实背景下，绝大部分人类对消费的理解是以生存利益为核心。在农业社会，人们会为了更好地耕作而购买农具，或者是为了战争而购买武器；在现代社会，人们需要为更优越的工作而投资教育，为了教育和安全感而投资房产。在一些由于历史和科技因素已经进入高福利社会的国家，普通国民对资源稀缺的压力感受不大，在消费行为上更多偏好精神娱乐消费，以寻求精神世界的满足状态。

然而，高福利国家的财政支出是非常夸张的，希腊、西班牙、意大利等欧洲发达国家在贯彻一段时间的高福利政策以后都陷入了经济困境，国家财政赤字连年增长，学者们惊呼高福利已经成为发达国家的陷阱。在2014年，意大利年轻人的失业率达到创纪录的44.2%，整个社会弥漫着缺少希望的氛围。这次重创欧洲的金融危机让人们开始反省高福利社会的可持续性，如果没有生产力的革命性突破或地缘政治的巨大变动，以欧洲发达国家为代表的高福利社会恐怕将难以长久持续。

可以说，在现实世界里，资源稀缺和分配不均是人类永远绕不过的悲剧式宿命，革命性的科技突破还遥遥无期，人类社会在现实世界里的命运似乎已经被判下结局。然而，在几乎没有资源限制的VR世界，人类社会的命运能得到彻底的改变吗？

在VR世界真正到来之前，所有长远和深刻的预测都显得缺少底气。不过，可以确定的是，资源更加充裕的VR世界或多或少能够让普通大众的压力和焦虑得到减轻和缓解。在VR世界里，基于视听体验的消费体验让人真假难分，人们不难算一笔账，对比现实世界与VR世界的消费行为，并逐渐投向VR世界的怀抱。

如果科技水平能够进一步突破，彻底破译人类的所有感官，使VR技术能够为人类提供真实全面的感官体验，那么不难想象，人类将会大规模迁移至 VR 世界，届时人类将迎来一个真正以精神享乐需求为核心驱动力的时代，人类所有的消费行为都将发自于内心的真实需求，而非在深思熟虑、权衡利弊后做出艰难选择。

人类是否会因此变得更开心？这个问题比预测 VR 技术的长期影响还要复杂。人类在漫长的进化中形成了以生存为首要目标的奖惩机制。如果一个人获取了较多的资源，他就更容易获得安全感，更能以放松的姿态享受生活。如果有一天，人类面临一个几乎不缺少资源的世界，人类在亿万年进化中习得的生物本能完全作废，也许还会让人类迷失生活的意义吧。

Virtual reality

第五篇 社会革命：被技术改变的大脑

数千年前金属农具的应用带来了农业革命，将全人类推进农业社会；两百多年前的蒸汽机使机器开始取代农具，工业文明和资本主义开始传播到世界的每个角落；诞生于20世纪末的互联网技术已经将全世界紧密联结在一起，在潜移默化中改变了人类对世界的认知……

虚拟现实技术注定会在方方面面影响人类社会。不仅改变了年轻人下班后的娱乐方式，从长远的时间范畴来看，虚拟现实技术还会深刻地改写人类的意识形态，重新打造人类社会的组织形式。

在这一篇中，我们将讨论技术是如何影响大脑的，而VR技术又将对人类的大脑带来怎样的影响。

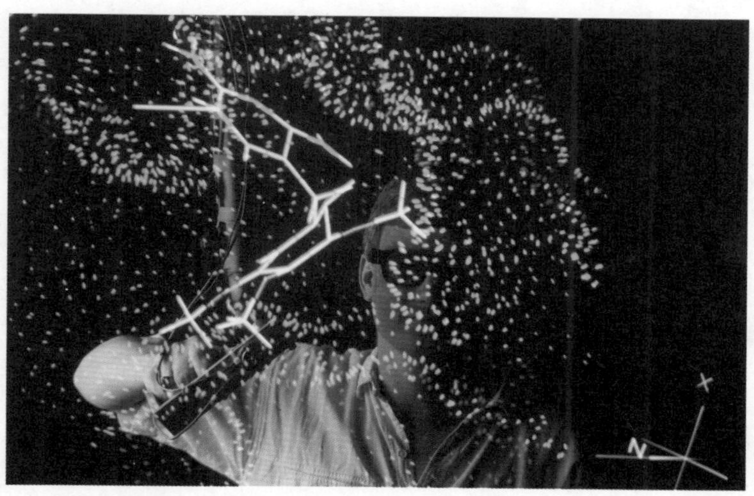

虚拟现实技术影响人类社会

第11章 媒介决定论

在人类发展历史上，媒介技术大概经历了从口语到文字再到广播、电视的发展过程。有学者发现，随着媒介技术的发展，人类社会所处的状态和阶段也有着相应的改变，有学者甚至发现随着人类社会在阶段式发展，社会发生转折的时间点与媒介技术获得突破式发展的时间点是大致吻合的。于是，一些学者开始研究媒介技术与社会形态之间的关系，而为了更好地研究这个问题，学者们得先了解媒介技术对人类大脑的影响。

11.1 媒介即信息：大脑是如何被媒介影响的

加拿大多伦多大学学者马歇尔·麦克卢汉（Marshall McLuhan）在《理解媒介》一书中提出了“媒介即信息”（The medium is the message）的观点，并轰动一时。在大部分人的理解中，媒介是用来传播信息的技术，为何麦克卢汉认为媒介就是信息呢？

在报纸时代，任何当天发生的新闻，最快也要等到第二天才能刊登在报纸上。在报纸出现之前的时代，人们还在通过书信往来，“新”闻往往指的是一个月之前的消息。在以广播电视为代表的电子传播技术出现后，人们可以得知十分钟前刚刚发生的新闻。互联网的出现更是把新闻的传播速度推向极致，几乎实现了瞬间传播。可见，这种以电波为手段的瞬时传播媒介改变了人类对于时间的认知。

麦克卢汉曾提出过一个非常著名的概念，全球村（global village）。他认为电子媒介深远地影响了人们对空间的认识。以“9·11”事件为例，如图 11-1 所示，当两架飞机相继撞上纽约世贸大楼，整个世界都在那一时刻见证了这一历史性瞬间，虽然这一事件发生在大洋彼岸，但人们通过电视一起见证、感受和经历这一悲剧瞬间，就好像一个村子里的居民一起经历一个公众事件一样。推特、微博等互联网社交媒体的出现，使地球上每一个接入互联网的居民都能瞬间得知世界另一端发生的重要新闻，将诞生于电视时代的“地球村”进一步缩小。因此，麦克卢汉认为新的媒

图11-1 “9·11”事件发生当天，世界主流媒体都在实时报道这一事件

介技术能够改变人们对时间和空间的认识，重新定义时间和空间。

人类在进行信息传播的时候，会不同程度的用到视觉、听觉等各种感官。麦克卢汉认为在遥远的穴居时代，文字还没有诞生，我们的祖先使用着一种非常综合、全面的感官模式，他称之为全面传播（holistic communication），也就是我们日常生活中频繁使用的口语交流。人们可以通过声音、形象、肢体动作、面部表情甚至眼神来传达丰富的信息。口语媒介对人类感官的使用是全面、平衡的，它所传递的信息非常直观生动。当文字出现后，人类进入了印刷时代，以书籍为代表的文字媒介打破了人类几百万年来的感官平衡，人类只需要通过视觉感觉获取信息。在进入广播时代后，广播媒介又开始强调人类的听觉感官。直到电视时代的来临，它同时调用了人类的视觉感觉和听觉感官，提供了非常接近于口语媒介的体验。

因此，麦克卢汉认为媒介能够改变人们的感官比例。有科学家对现代人类的生活方式进行研究，并对人类五官的进化结果进行预测，预测结果是人类将进化出越来越大的眼睛，以满足电子媒介对视觉感觉的需求，如图 11-2 和图 11-3 所示。也许到时候，人类不再需要化妆品和美图软件“放大”双眼。

图 11-2　现在的人类

图 11-3　十万年后的人类

1960 年，美国首次通过电视报道副总统理查德·尼克松和参议员约翰·肯尼迪的总统竞选辩论，这一竞选辩论同时也通过广播进行直播，如图 11-4 所示。在竞选辩论结束后，人们发现了一个有意思的现象，观看电视的观众和收听广播的听众对于两位总统候选人的评价截然不同，这两类人最终也把选票投给了不同的总统候选人。

图 11-4　美国历史上第一次电视直播总统竞选辩论

通过电视观看总统竞选辩论的选民大多把选票投给了肯尼迪，因为当时43岁肯尼迪看起来英俊帅气，年富力强，并且肯尼迪选择了在黑白电视上颜色突出的深色西装，给人在视觉上留下了深刻印象。而尼克松看起来给人感觉老态龙钟，灰色西装也和背景难以区分，难以给观众留下深刻印象。因此，通过电视收看这次总统竞选辩论的观众，大多认为肯尼迪会赢得这次辩论胜利。然而，收听广播的听众得出了相反的结论。从声音上来判断，肯尼迪的声音稍显年轻，尼克松的声音更加老成稳重，尼克松对问题的分析和答案的阐述给人感觉更理性成熟。由于当时电视在美国已经得到普及，并受到广泛欢迎，最终，肯尼迪成为这次总统竞选的大赢家。

通过肯尼迪与尼克松的竞选辩论结果，不难看出同样的信息经过不同媒介传播出去后，人类的思考结果是不同的，麦克卢汉认为，媒介技术在悄悄地改变着人类的思维方式。

媒介不仅能影响人类怎么思考，也能影响人类如何行动。一个在现代生活中越来越常见的场景是，年轻的孩子和父母等长辈一起聚餐，年轻人一手拿着筷子往嘴里放入食物，一手拿着手机刷着微信、微博，长辈们在旁边一脸困惑，不知道如何与孩子们交流。融入现代生活的人们更多地依赖高科技的媒介化沟通方式（mediated communication），越来越忽略面对面的口语交流。

11.2 传播时代论：媒介技术与社会形态的关系

马歇尔·麦克卢汉认为，人类历史上依次出现的三种传播媒介把人类社会的发展历程分为三个阶段，根据传播媒介的不同，分别是：口语传播时代、书面传播时代、电力传播时代。

麦克卢汉认为，人类最早使用的口语媒介，是原始社会时代的唯一传播媒介，这一时期的人类社会可以被称为口语社会，如图 11-5 所示。在口语时代，人类社会表现出与口语传播关系密切的一些特征。由于口语媒介传递信息只能通过口口相传，信息传播速度低下，人类社会的组织形态基本以人口较少的部落为主。同时由于口语媒介难以承载复杂的信息，口语社会的文化形态大多以简单的故事传说为主。

图 11-5　人类社会发展的第一阶段：口语时代

当文字与印刷成为社会的主流媒介方式时，人类社会便进入了第二个阶段：印刷时代，如图 11-6 所示，是人类脱离部落化的社会时期。由于书面文字可以将信息更快地复制传播，承载更复杂的信息内容，人类社会的组织形态开始从人口稀少的部落演变为人口更多的村庄和小城镇，人与人的社会关系开始变得越来越

图 11-6 人类社会发展的第二阶段：印刷时代

复杂。在印刷时代存在一个值得被注意的现象：社会精英阶级的出现和固化。由于文字的学习成本较高，书籍的印刷成本也一直高居不下，通过书籍传播的知识往往被垄断在少数社会精英手里。因此，印刷时代的普通大众更容易受到少数人的统治，政治形态往往以等级分明的阶级社会为主。

以电报、广播和电视为代表的电力媒介（electric media），使人类社会进入一个崭新的时代：电子时代，如图 11-7 所示。在这一时代，人类社会的主流生产方式变成了工业生产，社会组织以人口数以万计的工业化城市为主，百万级甚至千万级人口的大都市也比比皆是，这得益于电力媒介的瞬间传播特性，使人类大规模聚集和沟通的成本降到足够低。由于印刷的成本快速降低，廉价书籍和报纸的出现使知识在这一时代得到了普及，传统森严

的社会阶级逐渐被瓦解，在印刷时代占据主流地位的封建帝制等政治制度一步步走向灭亡，取而代之的是更为扁平的民主政治。

图 11-7　人类社会发展的第三个阶段：电子时代

显然，每一次传播媒介的重大改变都深刻地影响了人们的思考方式，最终汇聚成人类对权力关系和社会组织形式的诉求，从而深远影响着人类社会的方方面面。

第12章
互联网时代

对于出生于20世纪末、21世纪初的年轻一代而言，他们幸运地见证了互联网技术的兴起过程，经历了互联网时代到来的整个过程。在这一过程中，他们不仅见证了互联网技术作为一种传播媒介是如何取代广播、电视和报纸的，也亲身体验着人与人之间的交流方式所发生的翻天覆地的变化。互联网技术给年轻一代打上了思想烙印，使这一代人自己本身就是互联网思维最好的教科书。

我们有必要去了解互联网技术对人类大脑和社会的影响，这将有助于我们更深刻地理解VR技术对人类社会可能带来的影响。

12.1 互联网媒介：前卫又复古

和之前所有媒介一样，互联网技术作为一种传播媒介，也会带来一些信息，深远地改变人类。随着互联网彻底融入我们的生活，这些改变已经真切地发生在我们每一个人身上。

互联网和广播电视一样属于以电波为手段的电子媒介。得益于智能手机的普及，互联网在缩小时空尺寸上达到极限，将“地球村”进一步缩小，世界上不同地方的两个人从未变得如此接近过。人们通过连接到互联网的智能手机，可以随时随地获得世界另一端的信息，与千里之外的朋友进行文字、视频交流，如图 12-1 所示。

图 12-1 互联网打破了人类交流的空间局限

然而，互联网媒介与电视广播等传统电子媒介之间存在本质区别。如果麦克卢汉赶上了互联网的诞生和普及，他一定会认为互联网媒介比电视媒介更符合口语媒介的特征。

互联网的出现，有几个过程。20 世纪 40 年代，美国国防部奥伯丁武器试验场为了满足研发弹道导弹的计算需求，联合美国宾夕法尼亚大学于 1946 年 2 月 14 日研制出世界第一台电子计算机 ENIAC，如图 12-2 所示。当时 ENIAC 还十分巨大、笨重而且昂贵，看不出其能对人类思考方式造成什么影响。但计算机作为前所未有的高效率信息储存和信息处理设备，已经为改变人类的思考方式埋下了种子。

图 12-2 1946年，世界上第一台计算机ENIAC诞生于美国

缺少互联网（Internet）的计算机，还不足以对当时的人类社会产生如此深远的影响。在20世纪60年代，整个世界还笼罩在冷战的阴影之中，美国与苏联的军事科技竞争正在如火如荼的进行当中。当时美国只有一个集中的军事指挥中心，美国国防部认为，如果苏联发起战争，并使用核武器摧毁美国唯一的军事指挥中心，整个美国的军事指挥系统将陷入瘫痪状态，其后果将不堪设想。因此，美国国防部高级研究计划管理局（Advanced Research Projects Agency，ARPA）开始着手建立一个名为ARPAnet的网络，把美国几个分散的军事指挥点连接起来，当部分指挥点被摧毁后，其他指挥点仍然能通过网络与军事系统取得联系。

到了20世纪80年代，以美国国家科学基金会（National Science Foundation）为首的科研教育机构利用ARPAnet发展出适用于大学和研究机构的NSFnet，跨越整个美国的互联网已经建成，只是应用领域还暂时停留于军事和科研用途。直到20世纪90年代，商业公司被允许进入这一领域，互联网被快速商业化，世界各地无数的企业和个人纷纷加入互联网。

1994 年，美国网景公司发布了网景浏览器（Netscape Navigator）1.0 版，快速获得市场主导地位；同年，斯坦福大学研究生杨致远和大卫·费罗（David Filo）于美国加州创立雅虎（Yahoo!）公司，如图 12-3 所示。由此，人类进入到互联网时代的第一个阶段：Web 1.0 时代。

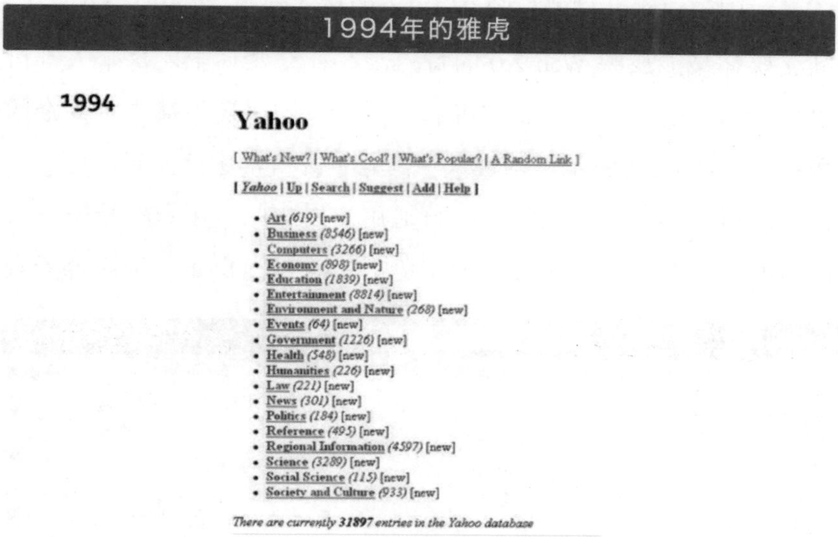

1994年的雅虎

1994

Yahoo

[What's New? | What's Cool? | What's Popular? | A Random Link]

[Yahoo | Up | Search | Suggest | Add | Help]

- Art (619) [new]
- Business (8546) [new]
- Computers (3266) [new]
- Economy (898) [new]
- Education (1839) [new]
- Entertainment (8814) [new]
- Environment and Nature (268) [new]
- Events (64) [new]
- Government (1226) [new]
- Health (548) [new]
- Humanities (226) [new]
- Law (221) [new]
- News (301) [new]
- Politics (184) [new]
- Reference (495) [new]
- Regional Information (4597) [new]
- Science (3289) [new]
- Social Science (115) [new]
- Society and Culture (933) [new]

There are currently 31897 entries in the Yahoo database

图 12-3 1994 年的雅虎首页

Web 1.0 指满足人类对信息的聚合和搜索需求的互联网产品，包括以雅虎为代表的门户网站和以谷歌为代表的搜索引擎。在这一时代，人类第一次见识到互联网所释放的巨大能量。“Google 一下”或“百度一下”开始成为现代人的口头禅，人们不再需要耗费大量精力用于记忆信息，直接上网就能搜得答案——就像口语时代的人类祖先一样，人类开始摆脱书面文字带来的复杂记忆、处理过程，只关心事情的答案。

在 Web 1.0 时代，互联网媒体与传统媒体相比，在信息结构上没有明显差别。门户网站的信息仍然由专业的网络编辑生产，并通过他们进行发布和传播，这与传统的书籍报纸没有本质区别。没过几年，更符合口语媒介特点的 Web 2.0 应运而生。人类不再满足于简单的信息聚合与搜索，人们希望将现实生活中的社交互动行为也能放到网络上，于是以用户生产内容（User Generated Content）为核心模式的互联网产品开始火爆起来，现在我们所使用的绝大部分互联网产品都符合 Web 2.0 的特征。

如同门户网站最能反映Web 1.0的核心特点，在Web 2.0时代，社交媒体最能反映 Web 2.0 的特点。在社交媒体上，每个人都可以成为信息的生产者、发布者和传播者，同时还扮演内容受众的角色。如图 12-4 所示，以融入中国老百姓日常生活的新浪微博为例，所有的内容都是由每一个普通用户发布的；用户在转发微博的时候，扮演了内容传播者的角色；最后，用户还承担内容受众

图 12-4　微博是 Web 2.0 的代表产品：完全由用户生产、发布和传播信息

的角色，浏览出现在用户首页的微博。

Web 2.0 时代以社交媒体为代表的互联网产品，在媒介形式上具有划时代意义的突破。它彻底还原了口语媒介的信息结构，每个人都参与到信息的生产、发布和传播当中，整个信息结构是扁平的。在这一时代，不再存在一个垄断知识的精英阶层，所有知识都经由每一个人发布到互联网上，也通过每一个人传递给下一个人，如图 12-5 所示。专业的知识生产者不再高高在上生产信息，人们越来越欢迎普通人物所创造的内容，它能引起每一位平凡大众的强烈共鸣。

图 12-5　2006 年，美国时代周刊年度风云人物为：所有网民

Web 2.0 产品将互联网媒介的信息结构还原至口语时代，人类社会的组织形态也在悄悄向口语社会逐渐靠拢。社交媒体的出现使得每一个人都能够在公众领域发表自己的声音，它尊重每一个人表达的欲望，但也导致社会公众领域无法像往常一样凝聚共识，社会意见领域的割裂与冲突日益激烈，整个社会维持运作的成本越来越高，做出公众事务决策的速度也越来越慢。在美国，民主党和共和党的意见冲突越来越激烈，美国社会的内部撕裂也越来越严重，美国政府在重大公众事务上的决策速度远比 20 世纪慢得多。当人类维持大型政治组织的效益无法覆盖成本时，大型组织会自发走向瓦解，“部落化”的小型组织将取而代之，人类社会的组织形态将越来越接近于口语社会。

如果麦克卢汉能够看到今天的世界，我相信他一定会认为人类社会在互联网媒介的影响下，正在进入第四个阶段：重返口语社会。

12.2 互联网对人类社会的悄然改造

在人类社会的三个阶段——口语时代、印刷时代和电子时代当中，各自的社会生产方式是截然不同的。在口语时代，人类还处于原始社会，以采集和渔猎为主要生产方式，人类的劳动时间十分自由，劳动成果也足够填饱肚子。到了印刷时代，书面文字的出现促使了知识的传播和发展，人类对工具的制造和掌握能力得到提升，发展农业成为可能。最后，人类在蒸汽机的驱动下迈入工业社会，整个社会的生产方式转变为以工业为主。其变化形式如图 12-6 所示。

在采集渔猎时代，由于人口还很稀少，大自然的资源处于取

图 12-6 人类社会生产方式的变化：采集渔猎，农业，工业

之不尽的状态，人类只需要每天劳动两三个小时就能生存下去。在这种生活模式下，人类以一种轻松自由的姿态迎接生活，在部落中人人互相帮助，团结友好。

随着文字的诞生，人类开始通过羊皮和龟甲记录天气规律和工具制作技巧，农业的发展成为可能。人类社会转身投入农业生产当中，在没有自然灾害的情况下，人口得到稳定增长。由于农业劳动是非常沉重的体力活，而且为了收获更多的粮食，耕地面积往往较大，为了满足农业生产的需求，人类社会转变成以家庭为主、男性为主的组织形态。

随着科技进一步发展，人类社会进入工业时代。工业生产打破了农耕时代春耕秋收的时间规律，工人在机器上劳动的时间越长，产出的商品也就越多。在这种生产规律下，资本家开始追求更多的工人、更长的工作时间，人类社会也衍生出以公司为代表的动辄数万人口的大型组织形态。

1917 年，美国铁路公司总共雇用了超过 180 万名员工。在工业自动化率大幅提高后的 2014 年，美国三大汽车公司的雇员数超过 80 万。工业文明生产方式的特点导致大型组织成为主流的社会组织形态。

互联网产业还十分年轻，但在经济生产领域已经十分重要。根据中国工信部于 2015 年 8 月发布的《移动互联网产业发展报告（2014—2015）》，2015 年中国移动互联网总产值将有望突破

4 000 亿元。

工业文明的生产方式遇到了供应过剩、需求不足的困境。只要是成功转型为工业化社会的国家和地区，当地人们都已进入物质丰富时代，人们对精神消费品的需求明显日益旺盛。在这种背景下，互联网的出现满足了人们对精神消费品的需求，不论是电影、音乐还是综艺节目，都在网络平台上得到井喷式发展，互联网世界成为现代人进行内容消费最重要的场所。总之，在物质生产过剩的大背景下，一场以虚拟经济和体验经济为核心的生产模式转型正在悄悄发生。《伦敦底层社会》一书反映了这一现象，如图 12-7 所示。

图 12-7 《伦敦底层社会》一书描述了工业文明初期阶段工人被过度剥削的悲惨状态

由于精神消费品的生产没有明确规律，因此被人们归纳到创意行业中。精神消费品的生产不像工业生产那样严重依赖生产资料，生产精神消费品的核心关键是人的创意，而创意是没有清晰规律可以运用的，好的创意通常诞生于自由轻松的环境之中。所以，随着互联网经济在社会经济所占的比例越来越大，工业时代等级森严的组织形式将会逐渐被扁平自由的小组织所取代，越来越多的人将生活在自由轻松的环境之中，从事以体验为核心的工作。

第13章 VR时代

VR 技术作为一类前所未有的信息媒介，将给人类带来感官革命，并颠覆人类对世界的感知和理解。基于媒介决定论，新的媒介技术将深远地影响着人类的思考方式和社会的组织形态。因此，在 VR 技术普及的过程中，我们将看到基于工业革命的社会组织与秩序的瓦解，人类的价值观念也将被逐渐改造。

13.1 旧秩序的解体

一种革命性的技术，如果影响足够深远，足以改变人类社会的发展阶段，这种技术一定会改变“资源”的定义。在农业时代，人类的生存主要依赖于土地里长出的粮食，更多的农田就能养活更多的人口，因此土地成为所有人都梦寐以求的宝贵资源，根据人类对土地这一资源的占有情况，还把人分为地主、农民等社会角色；到了工业时代，机器带来了远远超越普通人极限的强大生产力，农业时代的物质需求很快得到了满足，人们开始追求在新的社会游戏规则中获得更多的资源、更高的地位，于是资本成为最核心的资源，通过资本人们可以获得世界上绝大部分的资源，还能通过资本运作获得更多的资本；在互联网时代，许多人已经隐约觉得资本不再像过去一样所向披靡，一些人尤其是年轻一代对资本也不再像上一代人那般趋之若鹜，资本在一系列的失败面前开始承认资本不再是万能的，优秀的人才开始取而代之，成为最宝贵的资源，许多金钱无法买到的事情，只有顶尖的人才可以做到。

VR 时代可以视为互联网时代的延伸。VR 技术无非就是比当下的互联网设备在信息传递的体验上更进一步，但在信息传递方式和结构上是完全符合互联网特点的，毕竟，VR 设备也要接入互联网。

在 VR 时代，人们对汽车、房产甚至粮食等实体资源的依赖将进一步降低，在人们日常生活中将有越来越多的行为发生于 VR 世界里。因此由代码组成的虚拟资源将在人类的日常生活里扮演越来越重要的角色，人们对资源的理解也将在潜移默化中发生改变。

唯一的问题在于，VR 世界中的虚拟资源是否还会需要人们付出高昂的成本来获取？如果这些廉价的资源仍然需要高昂的成本去获取，人们的生活可能还是无法发生根本性的改变。然而，真的会如此吗？

我们所处的互联网时代已经给出了答案。诞生于工业时代的版权概念，在互联网时代很难得到很好的保护，使信息和资源免费自由地流动是许多互联网极客信奉的至尊真理，一些先锋人士认为互联网时代应该帮助人们更好地分享资源，而不是让资源继续被少数人占有，并以此获利。

从实际情况来看，所谓的“盗版”在互联网世界的确比较普遍，在技术上，一份资源被复制和传播的成本几乎为零，在互联网世界里阻断这些资源的传播几乎是不可能的，成本过高。用成本过高的反盗版手段去阻止成本几乎为零的盗版行为，本身就是不切实际的。

除了非常现实的成本问题，互联网技术独特的精神气质也在影响着“盗版”行为。在互联网技术出现之前，人类历史上还从未有过一种大规模、低成本的双向信息传递媒介，信息无法做到真正自由、平等、低成本地流动，这一度导致知识被少数精英群体所私有，普通人无法接触到真正有价值的知识和见解，以此维持少数精英群体所追求的阶级固化现状。互联网技术的出现，让可以被虚拟化的资源以 0 和 1 的组合形式低成本地传播出去，真正做到让资源平等地分配到每一位社会人手里。

在当前的互联网时代，受限于媒介设备的局限，人们只能虚拟化书籍、影像等资源，而且这些资源在现有主流媒介设备上的表现力也不够强，导致信息传递过程中存在损失。以让现代人无法喘气的高昂教育资源为例，由于教育资源在很大程度上依赖于面对面的口语传授，导致宝贵的教育资源无法彻底被计算机技术虚拟化，更不能毫无损失地将信息传递给受众。

VR 技术的特殊意义在于，它在信息媒介上的优势能够虚拟化更多种类、更普适性、更重要的资源。也许在不久的将来，宝贵的教育资源可以真真正正地通过 VR 技术以代码的形式传播给所有人，人们在知识获取上不再存有任何的差异，更不存在金钱导致的歧视。

更深远的意义在于，VR 技术还能够给人类提供一种自由的生活方式。电视、广播和个人电脑都只能满足人类的某一两个感官，而 VR 技术可以同时满足人类的多个感官，带来综合式的感官体验，在沉浸式的体验过程中获得与真实世界无异的体验。

千万年来，人类在追求资源中与外界不断地博弈，只是为了能够获得尽可能充裕的资源，让这些资源支配自己尽可能自由的生活方式。VR时代的来临，使各种生活方式的体验成本降到极限，人们可以在计算机模拟的环境中获得自己想要的世界，按照心目中最理想的生活方式享受生活。

因此，旧世界的秩序和游戏规则注定会在VR技术的侵入下分崩离析。房产、汽车、名校和体面的工作，这些让数十亿人像机器一样忙碌在社会分工流水线上的宝贵资源都将被逐一否定，金钱至上的价值观念也随之被否定。如果VR技术能提供你想要的生活方式，那拥有金钱还有什么用呢？

13.2 赛博朋克：重新认识人类自己

在旧世界的秩序被VR技术逐渐瓦解的同时，一种全新的秩序与文化将取而代之成为新世界的主流。有趣的是，在科幻文学领域，一些作家早早地遇见到人类终将迎来一个名为赛博朋克（Cyberpunk）的未来世界，其最大的特点就是科技的进步使得现实世界与虚拟世界之间的界限非常模糊——这正是VR技术在未来的某一天所要实现的目标。

1984年，著名科幻小说作家威廉·吉布森（William Ford Gibson）发表了其第一部也是最重要的一部小说《神经漫游者》，在文学界造成了前所未有的轰动，并引起了世界范围内的赛博朋克文学运动。除了在文学领域的巨大影响，赛博朋克风格还逐渐蔓延到音乐、漫画、电影等领域，催生了《攻壳机动队》《黑客帝国》等赛博朋克风格的优质作品，如图13-1所示。

图 13-1 大名鼎鼎的《黑客帝国》即是赛博朋克风格的电影

在赛博朋克风格作品的作者及导演所阐述的故事中，发达的计算机技术或者生物技术让人类可以摆脱肉体的限制，肉体的区别乃至存在都缺少意义，人类的大脑或意识才是唯一能够用来区分人的标准。比如说，如果生物技术能够在将来发展到足够先进的地步，人类可以随时更换身体上的任何一部分，那么性别的存在还是否有意义？如图 13-2 所示，你与所谓的异性人类之间的差别已经被生物技术所抹去，唯一的差别只有大脑。

实际上，VR 技术也将在未来的某一天实现同样的效果：人类在虚拟世界中可以拥有完全自定义的身体，这副身体可以是任何的性别、年龄、肤色，甚至可以是任何一种动物。看过《黑客帝国》的读者一定对虚拟世界中的“程序”史密斯印象深刻。在电影的设计中，史密斯根本就不是人类，只是一段拥有自我意识的代码，却可以在虚拟世界里幻化出人类的身体，表现与人类无异，如图 13-3 所示。

图 13-2　在《攻壳机动队》中，女主角的形象非常中性化

图 13-3　《黑客帝国》中的史密斯只是一段由代码组成的程序

赛博朋克作品通常都在讨论一个核心问题：当科技水平发展到足够高的水平时，人类如何面对旧世界与新世界的矛盾与冲突，最终又将在两个世界中做出怎样的选择？

在《攻壳机动队》中，主人公素子在电影的结局选择放弃现实世界中的物质化身体，将自己的意识融入无限巨大的虚拟世界。十年后，在《黑客帝国》中，导演对《攻壳机动队》遗留下的问题做了进一步的研究：进入虚拟世界后的人类，还能被称为人类吗？只剩下意识活跃的你，如何能确认自己是人而不是一段程序，以及你所生活的世界是不是某位管理员正在进行的虚拟人生游戏？

是时候重新认识人类自己了。如果VR技术真的为人类带来了一个赛博朋克式的世界，那么现有社会组织几乎全都无法适应新社会。而当社会组织不再有效，权力关系变得模糊时，社会协作效率一定会随之大打折扣，稳定的社会秩序也有可能变成奢望。到那个时候，人类能否快速找到新的方式将人类组织起来，重新建立新的社会秩序？这些问题在目前的我们看来，还是一个难以给出答案的哲学难题。

参考文献

［1］刘光燃．虚拟现实技术［M］．北京：清华大学出版社，2011.

［2］赵沁平．虚拟现实综述［J］．中国科学（F辑：信息科学），2009，01：2～46.

［3］周忠，周颐，肖江剑．虚拟现实增强技术综述［J］．中国科学：信息科学，2015，02：157～180.

［4］吴凤娟．虚拟现实技术应用状况［J］．科技视界，2015，07：104～193.

［5］陈浩磊，邹湘军，陈燕，刘天湖．虚拟现实技术的最新发展与展望［J］．中国科技论文在线，2011，01：1～5.

［6］Ashlee，Vance. Elon Musk: Tesla，SpaceX，and the Quest for a Fantastic Future［M］. New York: The Ecco Press，2015.